Nora桶子葉

全植物能量點心

從燕麥棒·能量球·脆片·點心杯到鬆餅，
50道 VEGAN×超級食物的無麩質一口點心

作者·攝影｜Nora桶子葉

和點心密不可分的人生

從有記憶開始，我就是個深愛點心的人。從最簡單的蘇打餅乾，到比較豐富的巧克力棒，幾乎沒有一天讓自己失去點心的陪伴。直到現在，我還是天天享用點心。

大學二年級才開始接觸烘焙，透過網路與外文書籍自學傳統的法式甜點，開啟了我的烘焙與食譜創作之路。而那段時間，我的冰箱充是充滿了甜點和點心，但沒錯，那時全部都是動物性製品。

而自從約三年前（2018 年 7 月）因為看到了許多 Vegan 相關的影片，才領悟到人們對動物造成的傷害與剝奪，決心轉變成 Vegan（維根主義：是一種哲學和生活方式，盡可能排除對動物的剝削與虐待），毅然放棄所有動物性製品，也讓我的點心選擇變少，感覺原本熟悉的傳統蛋奶烘焙也落為無用之處。

但是，我思考著，認為沒有任何一個人生應該缺少點心，於是我心想：「何不自己動手做呢？」這就開啟了我製作全植物點心與料理的創作人生。

從最簡單的能量球開始，到融入科學的烘焙：餅乾、派、蛋糕，當然都是Vegan、全植物的。透過此書也想證明，沒有蛋奶、沒有動物製品的點心，一樣可以很美味！而放下蛋奶的我，也感覺在創作路上有更多的想法，跳出傳統框架。

我的 Vegan 旅程

「我絕對不可能變成 Vegan，那樣太極端了。」曾經，大約在五年前，我還是這麼想的。過去的我深愛蛋奶製品，對 Vegan 並不了解，只是覺得它好像是很極端的飲食，直到透過一次契機，我看到了國外動物權推廣者的街頭訪問影片，才開始漸漸了解 Vegan 的理念：不想讓動物受傷害。

就像看影集那樣連續看了兩天一連串的動物權相關影片，讓我明白每一個超市裡的肉、蛋、牛奶等動物性製品，都充斥著對動物的痛苦、傷害、剝奪，我明白是時候該改變，該讓自己的行為與良知吻合，也就開始了我的 Vegan 旅程。

從一開始擔心可能不知道要吃什麼，到發現 Vegan 料理的多變，以及自己動手與動腦創作出特別的 Vegan 料理與點心，轉變成 Vegan，真的讓我感覺像重生一樣，認識好多以前不了解的食材，品嚐以前從來沒吃過的料理。

很多人可能像我以前一樣，對 Vegan 飲食有所偏見，希望我分享我的故事來讓你了解：「I've been there（我曾經這樣過，所以我知道你的感受）。」但是我在得知更多資訊後做出了改變，也在我變 Vegan 之後，更開始發現我的飲食比以前更豐富、更有新意，也希望這本書能讓你發現，Vegan 飲食也可以非常多彩繽紛、多變與營養的。

我的健康飲食觀

「點心」對我來說非常重要，因此我更想讓它充滿營養，不僅能滿足口慾，同時也能讓我的身體與大腦在忙錄的生活中得到適時補給。如果餓著肚子、想著食物，是沒有辦法專心完成工作或是眼前的事物，尤其是在上午和下午。動腦時的我常需要一些「精神糧食」，或是單純就是想要吃些東西。

一般的點心可能沒辦法提供身

體滿足感，於是就想到要做營養密度高的點心，剛好那時發現了當時歐美正流行的「能量球」（Energy balls），也就開始自己動手嘗試。不過大部份看到的能量球食譜都感覺差不多，沒有什麼變化，吃久了也會膩，愛嘗鮮的我，也就開始使用特別的食材（像豆腐！）、我愛的食材（花生醬、巧克力！）創作一些特別、創新的口味，讓點心不僅是個兩餐之間的食物，而是豐富美味、讓身心都感到療癒、充電的「營養點心」。

雖然這本書主打營養點心，但是我堅持不列出營養表。為什麼呢？因為基於我過去多年來的經驗，發現真的不需要知道那些細膩的數字來使自己變得「健康」，事實上，太著重於數字，反而會影響到心理健康，而心理健康常常一不注意就會忽略了。

在過去，我曾一度在心理默算食物的熱量，想著該做什麼運動才能消耗掉它們。但這樣反而使我失去了當下，忽略了許多我該享受的事物：與家人、朋友一起用餐的時光、讓我一直深愛的點心，或是第一次吃到的驚豔美味料理。這一切，遠比計算熱量或是營養來得更加重要。

那一段時間裡，讓我時常因為

在意自己多吃或是少吃而影響心情，有時還會採取一些極端作法，導致嚴重的飲食失調，從計算熱量、節食、暴食、健康癡迷（Orthorexia），到過度運動。回首過去，我可以告訴你，那時的我真的一點也不健康，也不快樂。

我並不否認，每一樣食物本身的營養價值並不同，而我們的身體是需要不同的營養素，因此我建議以大方向去看待飲食，而非天天把自己的腦袋埋沒於計算數字、或是擔心害怕任何食物。

我的健康飲食觀，就是盡可能大部份選擇蔬果，以及營養價值高的植物性食物，但若我想吃某樣東西，可以同時不帶任何歉意的享用，不讓任何數字、任何食物左右心情，吃過後也就像忘記了般，不會有任何的彌補性行為或是罪惡感。

食物並沒有所謂的道德價值（Moral Values）、沒有「好」、「壞」，而現在社會中聽到的，大多是受根深地固的減肥文化影響、對食物擅自加上主觀想法。現在的我，腦中並沒有任何「禁止食物」或是「罪惡食物」，也是我感到最健康、最自在的狀態，也希望能讓更多人體會到這種不受約束的快樂。

由你自己決定享用份量

大多數食譜中會寫「幾人份」，但是這好像在默默告訴人們「這是你應該吃的份量」，這感覺並不太合乎人情和常理，畢竟我們每個人的身體都不同，每天的活動量也不同，因此應該要聽身體當下的聲音來調整食用份量，而非沒有生命力的白紙黑字，或是別人的標準。

因此本書裡的食譜份量都是寫成品的實際製作出的大略產量，由你自己決定你當下想要吃的份量，也希望透過此動作，能讓你更用心去感受你的身體、品味當下。

希望在看完這本書後，你的收穫不僅是美味的食譜與點心，還包含善待自己、珍視每一個人生與享用的時刻。

Be true to you and to myself, always.

Nora 葉子

許馨文

Contents

Chapter 1
活力能量早餐

Chapter 2
午間充電小點

Chapter 3
加班能量補給

Chapter 4
運動營養點心

Chapter 5
重磅能量甜點

本書使用的工具雖然不多，看似單純，但還是暗藏了許多選購和使用上的撇步。在這個單元，我將詳細介紹本書使用的工具和模具，希望大家在製作的時候，不會因為小細節沒注意到，或不知道使用訣竅而手忙腳亂。

■食物處理機

食物處理機（Food Processor）是這本食譜書最常用到的器具，它可以用來切碎、攪打、混合食材。市面上有不同種類的食物處理機，也有一些手持調理棒可搭配食物處理機調理碗，基本上有 S 型刀片的就可以，也可以依個人習慣製作的份量來選購。另外也有一些食物處理機附有刨絲、切片的配件，若覺得平常使用率高，也可以選擇較進階的食物處理機。

本書食譜製作出的份量都不算太多，所以會建議選購中小型（3.5 ～ 7 cups）的食物處理機。用太大的食物處理機製作少量時，反而容易因攪打不到而讓食材空轉，這時就需要停下來做刮杯的動作。如果你已經有比較大的食物處理機，可以將食材乘倍數製作。

食物處理機無法用果汁機替代，因為果汁機需要較多的液體才能攪動循環，用果汁機製作能量球或能量棒容易攪打不均勻，也會影響最後的口感。食物處理機目前在市面上已經很普遍，便宜的 1000 元左右就夠用了。如果常做的話，建議可以選性能更

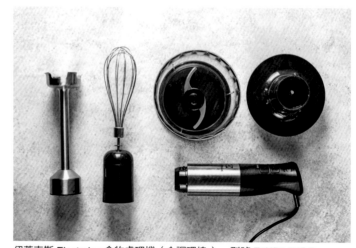

開箱文 QR Code　伊萊克斯 Electrolux 食物處理機（含調理棒），型號 E5HB1-57GG

好一點的。

　　我在書中使用的食物處理機：Magimix 3200XL，Electrolux 伊萊克斯手持式攪拌棒，以及 KitchenAid 迷你食物處理機。

■ 研磨機

　　有時也被稱為磨豆機或是香料研磨機。一般市售的研磨機常被用來磨咖啡豆或是香料，但是我有一次把它拿來磨燕麥粉，發現也非常好用，之後就一直用它來磨燕麥粉和杏仁粉了。要注意的是，如果是研磨像堅果油脂較豐富的食材，切記不要磨太久，否則容易出油而影響粉的質地。

　　但是這種家用的研磨機通常只能磨燕麥粉和堅果粉，無法磨更堅硬的穀粉。若想自行磨穀粉，會需要專業磨小麥麵粉的石磨機。

■ 食物調理機

　　食物調理機算是果汁機的進階版，它可以把食材攪打得更細緻，不僅可以拿來打果汁，也可以打醬料、鬆餅糊、蛋糕糊等，本書中也有用它來製作蛋糕的腰果奶霜。

　　食物調理機市面上也有分高、中、低階，如果是要打堅果的話，通常是中高階的機種才能打到非常細緻。一些較高階、馬力足夠的果汁機（價位約 4000 元）也可以達到相同效果。知名高階食物調理機品牌有 Vitamix、Blendtec，這兩個品牌我自己都有使用過，都能把堅果打得很細。我自己擁有的是 Vitamix a2500i、Vitamix Pro 750。

研磨機

食物調理機

■模具（烤模）

　　模具不僅能拿來烘焙，也能用來製作一些免烤點心。本書中最常使用到的是 8 吋長方型模具，其次是 6 吋，可以用來製作能量棒、布朗尼、植物蛋白棒，以及方塊狀的點心等。

　　其次是蛋糕模和派盤／塔模，這兩種我都建議選購分離式的模具（底盤與模體可分開），會比較容易脫模。尺寸建議選擇常見的 6 吋與 8 吋，另外如果你和我一樣喜歡不時做一些較厚的派，也可以購入加高的派盤。另外還有一些造型比較豐富的模具，像是咕咕霍夫模、中空模等，可以視個人喜好添購。

　　另外長方形烤盤算是做餅乾和一些較大塊狀餅乾的好幫手，一般購買烤箱時就會附贈烤箱專用烤盤，用它來製作餅乾就可以了。而另外如果你也喜歡做一些較大塊狀或是棒狀的點心（如本書中的藜麥種籽脆塊（P.94），也可以買一個 10 吋長方形烤盤。

■烘焙紙／烘焙烤墊

　　烘焙紙與烘焙烤墊也算是烘焙必需品。烘焙紙除了能用於烘焙外，因為它的防沾黏質地，也是製作一些免烤點心的大幫手。一般有分牛皮原色與白色的，都可以使用。

　　至於烘焙烤墊，我建議有在烘焙的人都可以購入，因為它可以重覆使用，除了環保之外，也能讓烘焙食材受熱比較均勻。不僅可以用在甜點、點心烘焙，也能使用於一般料理烘烤蔬果。

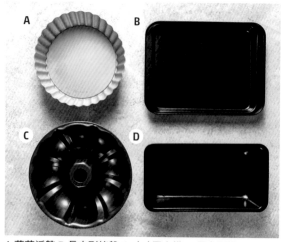

A 菊花派盤 B 長方形烤盤 C 咕咕霍夫模 D 長方形模

烘焙紙和烤墊

■矽膠刮刀

矽膠刮刀是我相見恨晚的工具之一，它在烘焙或是免烤食譜中都非常實用，除了拌勻麵糊外，也可以在製作能量棒等點心時用來壓實食材。此外它也可以把容器裡的食材刮得非常乾淨，一點都不浪費。

矽膠刮刀在一般的烘焙店一定買得到，在一些超市和大賣場也能找到。矽膠刮刀也有分軟硬度，我會建議買軟度適中、不要買偏軟或是偏硬的，在製作點心時會比較好操作，靈活度也較大。

■量匙

量匙是烘焙必備品，它是用來計量比較少量，一般的秤無法準確秤出重量的輕量食材。但有時也是因為比較方便，使用於一些不必秤量那麼精準的配料或裝飾配料。

量匙一般一定會包含：1 Tbsp（15 ml）、1 tsp（5 ml）、1/2 tsp（2.5 ml）、1/4 tsp（1.25 ml）。若常玩烘焙，也建議可以購買包含 1/2 Tbsp（7.5 ml）、1/8 tsp（0.15 ml）的套組。購買之後，可以裝水秤量一下每一支量匙盛裝的重量（水 1 ml 等於 1 g），看是否精準。

除非食譜有特別說明，否則一般使用量匙時注意一定要滿平匙，尤其是泡打粉與小蘇打粉這兩樣食材，在挖取的時候一定要滿平匙，否則容易影響最後成品的質地。

矽膠刮刀　　　　　量匙

對於烘焙新手來說，有時候失敗並不是你的技術有問題，而是一開始就買錯材料了。為了讓每個人都能毫無障礙地跨入能量點心製作的世界，我想先跟大家分享自己多年來跟這麼多烘焙食材一試再試的實戰經驗。

■ 傳統燕麥片

燕麥片富含纖維質，同時也含維生素與礦物質，是非常營養的食物。台灣市面上常見的是即食燕麥片，傳統燕麥片（Rolled oats / Old-fashioned Oats）與即食燕麥片（Instant Oats）都是由燕麥加熱壓輾製成，差別在於加工程度。即食燕麥片為了容易沖泡，會切得更加細碎；而傳統燕麥片則是較完整的片狀，因此需要烹煮。兩者用於烘焙會有口感上的差異，因此若食譜有特別寫明傳統燕麥片或是即食燕麥片，請使用指定的那一種。若看到燕麥片不確定是哪一種，建議看包裝上的英文名，或是看建議食用方式是否需要烹煮。我購買傳統燕麥片目前主要是在 Costco 以及 iHerb。

■ 生蕎麥粉

蕎麥粉富含纖維質，同時也富含錳和鎂。本書中使用的生蕎麥粉指的就是未熟化生蕎麥磨成的粉，和一般常見熟化用來沖泡的不同。生蕎麥粉的顏色偏米白色，質地細緻，適合用來烘焙，也是無麩質烘焙中的常用粉。本書中的香

傳統燕麥片

生蕎麥粉

橙瑪德蓮（P.60）就是結合生蕎麥粉的美味例子。目前生蕎麥粉在台灣市面上並不常見，以網購的方式較容易取得。

■生糙米粉

糙米粉含有多種維生素與礦物質，尤其是錳含量特別高。本書中使用的生糙米粉為未熟化糙米磨成的細粉，並非一般常見沖泡用的熟糙米粉。生糙米粉的顏色與生蕎麥粉顏色相近，皆為米白色。生糙米粉天然無麩質，所以也是無麩質烘焙的好選擇，本書中的地瓜比利時鬆餅（P.28）與許多餅乾食譜都有使用它。目前生糙米粉在台灣市面上不常見，部份大賣場或是有機店有售，我自己多是網購取得。

■亞麻仁籽（粉）

亞麻仁籽雖然不起眼，但其實富含許多營養元素，像是 Omega-3 脂肪酸、纖維質，同時也含單元和多元不飽和脂肪酸、維生素 B_1、B_6，以及葉酸、鈣、鐵、鎂、磷、鉀等。它也是全植物烘焙時替代蛋的好選擇之一。亞麻仁籽有金色與棕色兩種，一般烘焙我建議用金色的，完成的成品較不會有棕色的點點。

此外為了讓亞麻仁籽與其他材料能結合得更好，本書中許多食譜有事先將亞麻仁籽磨成粉再使用。如果你有咖啡或是香料研磨機，我建議購買完整的亞麻仁籽再自行研磨成粉，密封後放入冰箱冷藏保存，這樣亞麻仁籽所含的脂肪酸較不易腐敗。若沒有研磨機，也可以購買市售的，但也建議購買後放入冰箱，冷藏保存。

生糙米粉

亞麻仁籽（粉）

■杏仁粉

本書中提到的杏仁（粉）皆為美國杏仁（粉），並非中國的南杏／北杏
（粉）。美國杏仁是堅果之一，其並無中國南杏強烈的味道，而是淡淡的堅果
香氣。杏仁粉原本就很常運用在烘焙中，除了能增添香氣，也能依食譜所需來
調整口感。

■樹薯澱粉

樹薯澱粉（Tapioca Starch）也稱為木薯澱粉、太白粉，市面上有分兩種：
粗粒和細粉，本書使用的都是細粉。通常在傳統食品雜糧店就可以買到分裝的
樹薯澱粉。樹薯澱粉除了可以拿來勾芡，也可以用於烘焙，如本書中的藍莓椰
香糙米瑪芬（P.40）。

■小荳蔻粉

小荳蔻又名綠荳蔻（Cardamom），為天然的印度香料之一，而小荳蔻粉
就是將其研磨而成的粉。小荳蔻的滋味非常獨特，香氣濃烈，有著類似檸檬結
合薑的辛香滋味，是印度奶茶中不可或缺的角色，同時也常被應用於甜點中。
本書中有將小荳蔻粉融入咖啡奶霜與香蕉蛋糕（P.144）結合，打造出獨特迷
人的甜點風味。

杏仁粉

樹薯澱粉

小荳蔻粉

■蔗糖

市面上的白色細砂糖通常加工過程中會使用動物骨頭，因此實際上來說並非 Vegan，但少數品牌會標示 Vegan 或是 Vegan-friendly（Vegan 友善）。我自己目前大多是用 Vegan 友善的有機蔗糖。

■未鹼化可可粉

常見烘焙用的可可粉為了使其更適用於烘焙，會經過鹼化處理，讓可可粉顏色更深，減少酸度，也較容易溶解。而未鹼化可可粉是直接將可可豆經過烘烤後研磨，能保留較多可可原本的營養素，同時味道與顏色也較接近原本可可豆本身的風味。

一般烘焙食譜中若沒有特別強調，都是使用鹼化的「無糖」可可粉。而本書中有許多未烘焙的點心食譜，包含雙倍巧克力能量球（P.130）、高蛋白可可花生方塊（P.132），都是用未鹼化無糖可可粉。我大多是在 iHerb 購買有機未鹼化可可粉。

■可可脂

可可脂為製作巧克力的原物料之一，即是可可膏抽去可可粉留下的天然產物，它的外表呈乳黃色，有著天然的可可香氣，非常適合用來製作巧克力口味的甜點與點心。特別要注意的是，請選購「食品級」可可脂，因為市面上有許多是化學加工用的精製可可脂，是不可食用的。

有機蔗糖　　　　　　　　未鹼化可可粉　　　　　　可可脂

■ 蘋果醋

蘋果醋本身帶有蘋果的果香氣息，可以用來調味，也可應用於烘焙中。一般我會建議購買無糖的蘋果醋，才不會影響點心的風味。

■ 蘋果醬

蘋果醬並不是指蘋果果醬，而是烘焙中會使用到的 Applesauce。基本上它就是煮過的蘋果打成的泥。目前蘋果醬在台灣還不算普遍，有時可以在一些超市或大賣場的進口食品區找到，我自己大部份是自製。

自製的方式很簡單，只要把蘋果去皮、去籽，切成丁塊，再與一點水放入鍋中，用小火煮軟，之後再放入食物處理機攪打滑順成泥，放涼即可使用。

■ 堅果

堅果是非常營養的食物，像是杏仁、核桃、胡桃、夏威夷豆等，都是我的常備食材，也是製作能量點心的重點食材。

堅果可以烤熟後吃，也可以直接生吃，不過一般還是建議將生堅果浸泡或是烤熟後再食用，烤熟過的堅果香氣和味道會比較明顯。而本書食譜中有註明「熟」，即是烤熟過的堅果；未特別註明形狀，則是使用完整的全粒堅果。

蘋果醋

蘋果醬

■杏仁醬

本書中提到的杏仁醬，皆為用美國杏仁打成的堅果醬。它有著淡淡的堅果風味和濃郁的口感，除了可以拿來作為抹醬，也很適合融入烘焙與免烤點心中，像是巧克力豆燕麥餅乾（P.48）、巧克力開心果脆塊（P.68）。若不介意點心有較明顯的花生醬味道，本書的杏仁醬也可以用花生醬替代。購買時建議都選用無額外添加油或糖的，才不會影響成品的質地與甜度。

■植物奶

植物奶泛指用植物性原料製成的牛奶替代飲品，像是杏仁奶、核桃奶、腰果奶等的堅果奶，也包含豆奶（豆漿）、糙米奶、藜麥奶等。食譜中若是沒有特別提到哪一種，基本上用任何一種都可以。

購買前的小提醒

若是對麩質極度敏感，建議購買食材時確認過敏源是否含有麩質。此外，燕麥片常因為生產線會同時生產其他小麥製品，所以會有交叉感染的風險，因此建議對麩質極度敏感的朋友選購有註明「無麩質」的燕麥片。

杏仁醬

植物奶

Chapter 1
活力能量早餐

本單元提供的點心，
很適合作為快速簡便的早餐代餐，
只要事先做好備著，
你再也不必犧牲早餐了。

伯爵茶蘋果能量棒
Earl Grey Apple Energy Bars

我很喜歡伯爵茶的香氣，它總讓我感受到愜意舒適，而那溫順的香氣結合了蘋果的果甜，再加上高纖的燕麥與富含 Omega-3 脂肪酸的核桃，無疑是美味與營養兼具的點心！

椰棗

椰棗為天然乾燥的棗乾，主要產地為中東地區，美國加州也有產椰棗。椰棗本身的甜度極高，因此很適合用來作為糖的天然替代品。基本上任何品種都可以使用，只是有些椰棗可能因為品種或是久放之後變得乾硬，若是太硬的話，可事先浸泡於飲用水中 5 ～ 10 分鐘再使用。

伯爵茶蘋果能量棒

份量 8 條（約 2.3×8.5 cm）

模具 8 吋長方形模（底內徑 19×8.5 cm）1 個

Ingredients

傳統燕麥片 90 g

核桃 120 g

伯爵茶茶葉 4 g

去籽椰棗 50 g

鹽 1/8 tsp

奇亞籽粉 1 tsp

飲用水 1 Tbsp

蘋果（刨絲淨重）
　　60 g

Method

1　模具內鋪上烘焙紙備用。

2　將燕麥片、核桃、伯爵茶茶葉放入平烤盤中，以 175℃烘
　　烤 10 分鐘後取出放涼。

3　將去籽椰棗放入食物處理機中，攪打至細碎。

4　續加入傳統燕麥片、核桃、伯爵茶茶葉，攪打混合至材料
　　大致呈粗粒狀。

5　接著加入鹽、奇亞籽粉、飲用水、蘋果絲，攪打混合均勻，
　　直到用手指按壓可捏成團。

6　用矽膠刮刀將材料填入烤模中，把邊緣的烘焙紙拉過來蓋
　　住材料，用刮刀壓緊壓實。

7　將材料連同烤模放入冷凍庫 15 ～ 20 分鐘後取出，拉著烘
　　焙紙邊緣將材料移出烤盤，切分成 8 等份的長條狀即完成。

Preservation

放入保鮮盒中加蓋密封，冷凍約可保存
2 週。

Note

● **伯爵茶茶葉**：茶葉或茶包均可，茶葉淨重都是取 4 g。

營養滿滿種籽餅乾
Fully Packed Seed Crackers

愛吃餅乾的我總覺得外頭的餅乾料實在不多，吃了沒有滿足感，而自己做最棒的就是可以把料「加好加滿」！這款脆餅包含不同的種籽，同時使用生糙米粉與燕麥粉製作，結合冷壓初榨橄欖油，讓它的口感、滋味和營養，都有別於一般的脆餅。這款餅乾比較容易酥散開來，所以享用時要特別注意一下喔！

份量 16 片（約 5×6.5 cm）

Ingredients

生糙米粉 60 g

燕麥粉 70 g

亞麻仁籽粉 18 g

小蘇打粉 1/4 tsp

南瓜籽 40 g

葵花籽 40 g

黑芝麻 10 g

白芝麻 20 g

鹽 1/4 tsp

粗粒黑胡椒 1/4 tsp

冷壓初榨橄欖油 30 g

楓糖漿 1 tsp

冷水 3 Tbsp

Method

1　烤箱以 180℃ 預熱。

2　將生糙米粉、燕麥粉、亞麻仁籽粉、小蘇打粉、南瓜籽、葵花籽、黑芝麻、白芝麻、鹽、粗粒黑胡椒放入同一大碗中，用叉子混合拌勻。

3　接著加入橄欖油、楓糖漿拌勻。

4　分次加入冷水，先用叉子攪拌均勻，到材料開始黏結成團時，再改用手將材料按壓成為均勻麵團。

5　麵團的上下各墊 1 張烘焙紙，用擀麵棍擀成約 0.4 cm 厚的長方形麵皮。

6　用利刀或披薩滾刀，切割成 16 片。

7　放入預熱好的烤箱中烘烤 17 ～ 20 分鐘，至表面乾硬即可出爐，置於網架上至完全冷卻即可。

Preservation

放入保鮮盒中加蓋密封，室溫約可保存 2 週。

地瓜比利時鬆餅
Sweet Potato Waffles

將香甜、富含纖維的地瓜，融入有口感的比利時鬆餅，是週末早餐經常出現的菜單之一。然而它方便保存和攜帶的優點，也很適合趕時間的時候帶著出門當早餐，當然食用前若能加熱一下會更美味。

份量 4 片（直徑約 8 cm）

Ingredients

烤熟地瓜 70 g

無糖豆漿 80 g

楓糖漿 1 Tbsp

天然香草精 1/2 tsp

肉桂粉 1/2 tsp

薑粉 1/8 tsp

燕麥粉 23 g

杏仁粉 23 g

糙米粉 10 g

泡打粉 1 tsp

Method

1　將熟地瓜、豆漿、楓糖漿、香草精放入果汁機或食物調理機中，攪打均勻備用。

2　將肉桂粉、薑粉、燕麥粉、杏仁粉、糙米粉與過篩的泡打粉，放入同一大碗中，用矽膠刮刀混合拌勻。

3　接著將 1 攪打好的地瓜糊，加入 2 的乾粉材料中，拌勻至無粉粒。

4　鬆餅機預熱至機器顯示燈指示預熱完成。

5　將 1/4 的麵糊倒入鬆餅機中央，待麵糊表面冒小泡泡，再蓋上鬆餅機蓋子，加熱 4 ～ 6 分鐘，至鬆餅呈棕黃色。將所有材料製作完畢。

6　鬆餅建議趁熱享用，可依個人喜好搭配楓糖漿、水果、Vegan 優格等會更加美味。

Preservation

將鬆餅放入可冷凍的保鮮盒或保鮮袋中，密封冷凍保存約可保存 2 週。

Note

● **烤地瓜 DIY**：將地瓜洗淨，用叉子戳出幾個洞以加速熟透，放入預熱至 200℃ 的烤箱烘烤約 40 ～ 50 分鐘。需視地瓜大小調整烘烤時間，直至地瓜軟透即可取出，放涼備用。

胡桃肉桂能量球
Pecan Cinnamon Energy Balls

胡桃獨特的堅果滋味是我心中的「早晨味道」之一，它與肉桂粉的滋味結合時，就是有種說不出的魔力。另外我還添加了一點點楓糖漿，用它來取代砂糖，略帶甜味的香氣和豐富的營養，使它成為我愛不釋口的點心！

份量 8～10 顆（直徑約 3 cm）

Ingredients

去籽椰棗 50 g

傳統燕麥片 45 g

熟胡桃 45 g

肉桂粉 1/4 tsp

鹽 1/8 tsp

杏仁醬或其他堅果醬
　　1 Tbsp

楓糖漿 1 tsp

亞麻仁籽粉 1 tsp

Method

1　將去籽椰棗放入食物處理機中，攪打至細碎。

2　接著加入燕麥片、胡桃、肉桂粉、鹽，攪打混合至細碎。

3　續加入杏仁醬、楓糖漿、亞麻仁籽粉，攪打至用手指按壓可捏成團。若質地偏乾，可加入少許飲用水幫助黏結成團。

4　接著用量匙的大匙（Tbsp）挖取 1 平匙的量壓實，取出用手搓成圓球狀，排在平盤上。

5　重覆上述步驟至所有材料完成即可享用，或將放入密封盒中冷藏 20 分鐘，口感會更加紮實。

Preservation

放入保鮮盒中加蓋密封，冷凍約可保存 2 週。

Note

● 肉桂粉：一般常見的肉桂粉是越南肉桂粉，它的辛香味比較濃重，若比較無法接受，可以換成味道較溫和香甜的錫蘭肉桂粉，也可以視個人口味增減份量。

鹹香薑黃燕麥穀片
Savory Turmeric Granola

常見的市售穀片都是甜口味，這次就來點不一樣的鹹口味吧！結合了薑黃粉，不僅讓它充滿獨特的香氣，同時也能為你增強免疫力與抗發炎，裡頭更充滿不同堅果與種籽的營養。你可以搭配無糖植物奶，但我更喜歡將它撒在沙拉上享用！

份量 約 400 g

Ingredients

椰子油（融化）20 g

楓糖漿 20 g

薑黃粉 1 tsp

鷹嘴豆水 3 Tbsp

粗粒黑胡椒 1/4 tsp

傳統燕麥 180 g

亞麻仁籽粉 1 Tbsp

腰果（略切碎）40 g

南瓜籽 40 g

葵花籽 40 g

乾燥椰子片 30 g

鹽 1/2 tsp

肉桂粉 1/4 tsp

孜然粉 1/2 tsp

Method

1 烤箱以 160 ℃預熱；烤盤鋪上烘焙烤墊備用。

2 將椰子油、楓糖漿、薑黃粉、鷹嘴豆水放入同一大碗中，用叉子攪拌均勻。

3 接著加入其餘全部材料，用叉子混合均勻。

4 將 3 的材料平鋪在烤墊上，用刮刀壓平，放入預熱好的烤箱中烘烤約 25 ～ 30 分鐘，至整體質地乾燥即可出爐。

5 連同烤盤置於網架上，至穀片完全冷卻即可。

Preservation

放入保鮮盒中加蓋密封，室溫約可保存 1 ～ 2 週，冷藏 3 週。

Note

● **鷹嘴豆水**：水煮鷹嘴豆時鍋內剩餘的液體，冷藏後會具有類似蛋白般的些微黏稠度。你可以自己煮鷹嘴豆保留液體，或是使用市售罐頭內的液體。如果沒有鷹嘴豆，可用水 3 Tbsp ＋亞麻仁籽粉 1 Tbsp 來替換。

蕎麥種籽青蔥穀物麵包
Buckwheat Multiseed Green Onion Bread

常見的麵包大多都是使用麵粉製作，這款穀物麵包是結合杏仁粉與蕎麥粉製成，裡頭也加入富含纖維質的洋車前籽殼，以及種籽、富含蛋白質的奇亞籽。烤香的麵包加上青蔥的台式香氣，可以再搭配上酪梨或是抹醬作為配料，不僅美味營養也非常有飽足感。

奇亞籽 & 洋車前子殼
奇亞籽（上）具有黏結與吸水性高的特色。洋車前子殼（下）則是一種可食用的膠質纖維，吸水性極高，而且吸水後會明顯膨脹。兩者在這裡都是作為麵包的黏著劑，但兩者食材特性不同，吸水性與烘焙過後產生的口感也不太一樣，因此不能只取一種相互替代。

蕎麥種籽青蔥穀物麵包

份量 1 條

模具 6 吋長方形模（底內徑 15×7 cm）1 個

Ingredients

杏仁粉 75 g

蕎麥粉 70 g

奇亞籽粉 12 g

洋車前子殼 8 g

南瓜籽 15 g

葵花籽 15 g

核桃 30 g

小蘇打粉 1 tsp

鹽 1/4 tsp

楓糖漿 20 g

溫水（體溫）240 g

蘋果醋 1 Tbsp

新鮮蔥花 20 g

Method

1 將杏仁粉、蕎麥粉、奇亞籽粉、洋車前籽殼、南瓜籽、葵花籽、核桃、小蘇打粉、鹽放入同一大碗中，用矽膠刮刀混合拌勻。

2 接著加入楓糖漿、溫水、蘋果醋，用矽膠刮刀攪拌至無粉粒。

3 麵包模內鋪上烘焙紙。將麵糊倒入烤模中，輕輕搖晃烤模，使麵糊分布均勻，再將新鮮蔥花撒在表面。

4 靜置 40 分鐘，這段期間，奇亞籽和洋車前子會吸收大量水分，形成濃稠狀的麵糊。在最後 10 分鐘時，開始預熱烤箱，溫度設定為 175℃。

5 放入預熱好的烤箱中烘烤約 40 分鐘，用竹籤插入麵包中央測試，若無麵糊沾黏即可出爐。

6 置於網架上放涼 20 分鐘，再取出脫模。建議待麵包完全冷卻後再切片，可搭配堅果醬、酪梨，或者其他喜愛的配料一起享用。

Preservation

將整條麵包切片，放入可冷凍的保鮮袋中，冷凍約可保存 1 個月。享用前可於表面噴點水，再用烤箱以 160℃ 烤 5～10 分鐘至熱即可。

咖啡小荳蔻隔夜燕麥粥
Coffee Cardamom Overnight Oats

習慣早晨享用咖啡的滋味嗎？來杯咖啡口味的隔夜燕麥粥吧！咖啡與小荳蔻結合
的滋味非常迷人，它不僅美味，裡頭也充滿富含纖維質與營養素的燕麥片，還有
富含 Omega-3 脂肪酸的奇亞籽，保證讓你嚐得到咖啡香，身心都滿足！

份量 約 500 ml

Ingredients

燕麥粥：

即溶咖啡粉 2 tsp

熱開水 6 tsp

傳統燕麥片 90 g

奇亞籽 2 Tbsp

無糖杏仁奶 240 ml

楓糖漿 2 Tbsp

小荳蔻粉 1/4 tsp

肉桂粉 1/4 tsp

配料：

香蕉（切片）1/2 根

熟胡桃（略切碎）
　2 Tbsp

杏仁醬 2 Tbsp

Method

1　將即溶咖啡粉放入小杯子中，加入熱開水，將咖啡粉攪拌
　　至溶解，靜置冷卻備用。

2　將燕麥粥的其餘材料全部放入 1 個 500 ml 的有蓋容器中，
　　再倒入溶解的咖啡液，攪拌均勻。

3　蓋上蓋子，放入冰箱冷藏一晚，或至少冷藏 4 小時。

4　取出燕麥粥，可依個人喜好可再額外添加適量杏仁奶調整
　　口感（約 1 ～ 3 Tbsp），最後加上配料即可享用。

Preservation

放入保鮮盒中加蓋密封，冷藏約可保存 3 ～ 4 天。

Note

● **即溶咖啡粉：**如果你像我一樣對咖啡因比較敏感，可以選用低咖啡因或是無咖啡因的咖啡粉，
　可以的話最好可以選擇公平貿易的。

● **無糖杏仁奶：**也可以選擇加糖的，但要視個人口味調整楓糖漿用量。另外也可以用其他的植
　物奶取代，例如腰果奶、燕麥奶、豆漿等。

藍莓椰香糙米瑪芬
Blueberry Brown Rice Muffins

結合椰子香氣與藍莓酸甜的鬆軟瑪芬，充滿了早晨的氣息。用生糙米粉、燕麥粉、杏仁粉取代傳統的麵粉，除了增加多種的營養，也讓它的風味更加獨一無二。

份量　6 個
模具　六連瑪芬烤模 1 個

Ingredients

椰漿 120 ml

蘋果醋 1 tsp

天然香草精 1 tsp

杏仁粉 35 g

生糙米粉 60 g

燕麥粉 35 g

樹薯澱粉 15 g

有機蔗糖 70 g

泡打粉 2 tsp

小蘇打粉 1/4 tsp

新鮮藍莓 70 g

椰蓉 2 Tbsp

Method

1 烤箱以 175 ℃預熱。在六連瑪芬模具內側抹上一層椰子油（配方份量外）；或者也可以不抹油，直接放入矽膠杯子蛋糕模或蛋糕襯紙。

2 將椰漿、蘋果醋和香草精，一起放入碗中混合均勻備用。

3 另外取一個大碗，放入杏仁粉、生糙米粉、燕麥粉、樹薯澱粉、蔗糖、泡打粉、小蘇打粉，用叉子攪拌均勻。

4 將 2 的椰漿醋液倒入 3 的碗中，用叉子攪拌均勻至無粉粒。

5 將麵糊倒入六連瑪芬烤模中，再平均放入藍莓，輕柔地拌入麵糊中。輕敲烤模使表面平坦，再撒上椰蓉。

6 放入預熱好的烤箱中烘烤 25 ～ 30 分鐘，可插入竹籤測試，如果沒有濕麵糊沾黏就代表已經烤熟。

7 出爐後，連同烤模置於網架上放涼後脫模即完成。

Preservation

放入保鮮盒中加蓋密封，冷藏約可保存 4 天，冷凍約 2 週。

Note

● **藍莓**：建議使用新鮮藍莓，麵糊比較不會染色。若用冷凍的，建議使用前再從冰箱拿出來。

● **蘋果醋**：它是用來和鹼性的小蘇打粉進行烘焙反應的，也可以用檸檬汁替代。

● **樹薯澱粉**：因為這款點心沒有使用一般的麵粉，所以需要添加一些澱粉，讓麵糊產生黏性，使黏著度更佳。

巧克力抹茶能量棒
Chocolate Matcha Engery Bars

我非常喜歡抹茶的深韻茶味，它也有兒茶素、茶多酚等抗氧化成分。將它與燕麥片、核桃結合製成的能量棒，有著讓人想一口接一口的美味。

份量 8 條（約 2.3×8.5 cm）
模具 8 吋長方形模（底內徑 19×8.5 cm）1 個

Ingredients

抹茶能量棒：

去籽椰棗 80 g

熟核桃 45 g

傳統燕麥片 45 g

抹茶粉 2 tsp

奇亞籽粉 1 tsp

椰蓉 2 Tbsp

飲用水 2 tsp

巧克力裹面：

70% 黑巧克力 50 g

可可脂 1/2 Tbsp

鹽 1/8 tsp

Method

1　模具內鋪上烘焙紙備用。

2　**製作抹茶能量棒：**將去籽椰棗放入食物處理機中，攪打至細碎。

3　接著加入核桃、燕麥片、抹茶粉、奇亞籽粉、椰蓉、飲用水，攪打混合均勻，直到用手指可捏成團。若質地偏乾，可添加少許飲用水繼續攪打，直到用手指按壓可黏結成團。

4　將 3 拌勻的材料放入模具中壓實壓緊，冷凍 30 分鐘。

5　**製作巧克力裹面：**將黑巧克力、可可脂、鹽放入耐熱碗中，隔水加熱至材料完全融化，混合均勻後移離熱源。

6　將抹茶棒從冷凍庫取出，切分成 8 等份的長條狀。

7　將抹茶棒表面一一均勻沾裹融化的巧克力，排放在鋪有烘焙紙的小烤盤上。放入冰箱冷凍 5 ～ 10 分鐘，至巧克力凝固即可。

Preservation

放入保鮮盒中加蓋密封，冷凍約可保存 2 ～ 3 週。

Note

● **可可脂：**一般烘焙材料行都買得到，它呈奶黃色，帶有淡淡的可可香氣。如果真的買不到可可脂，可用冷壓初榨椰子油取代。

● **抹茶粉：**市面上有許多不同的抹茶粉，不同品牌、產地，味道就會不太一樣。建議挑選自己喜歡的抹茶粉即可。

巧克力燕麥美式鬆餅
Fluffy Chocolate Oatmeal Pancakes

一般常見的鬆餅大多都是用麵粉製作，但其實燕麥粉也是非常棒的鬆餅材料。用燕麥粉製成的鬆餅帶著淡淡的穀粉香甜，再加入香濃的可可粉，結合了微甜的蘋果醬，就成了大人小孩都愛的美味鬆軟巧克力燕麥鬆餅！

份量 8～10 片（直徑約 7 cm）

Ingredients
無糖豆漿 120 ml

蘋果醋 1/2 tsp

燕麥粉 85 g

可可粉 16 g

泡打粉 1 Tbsp+1 tsp

鹽 1/8 tsp

蘋果醬 40 g

天然香草精 1/2 tsp

有機蔗糖 2 Tbsp

Method

1　無糖豆漿和蘋果醋放入同一碗中拌勻，靜置 5 分鐘備用。

2　燕麥粉放入大碗中，再將可可粉、泡打粉、鹽混合過篩至碗中拌勻。

3　將蘋果醬、香草精、蔗糖加入 1 的豆漿醋液中攪拌均勻。

4　將 3 拌勻的濕料加入 2 的可可燕麥粉料中，用矽膠刮刀攪拌至無粉粒，即為鬆餅麵糊。

5　不沾平底鍋先以中火加熱（如果不是使用不沾材質，請在平底鍋中加入適量椰子油）。熱鍋後，倒入 2 匙（約 30 ml）的鬆餅麵糊，可視鍋子大小可自行調整鍋內麵糊的數量，記得每個鬆餅間要保留空間翻面。

6　麵糊入鍋後，將火力調降成中小火，煎約 3～4 分鐘。

7　待麵糊膨脹、表面開始冒小泡泡，且麵糊底面不會黏鍋時，再將鬆餅翻面，續煎約 1～2 分鐘，至麵糊凝固即可盛盤，煎完所有麵糊。可搭配巧克力淋醬及堅果碎一起享用。

Preservation
待鬆餅放涼再放入保鮮盒中密封，冷藏約可保存 3 天。或將鬆餅以水平方向放入保鮮袋中，不重量，冷凍約可保存 2 週。

Note
● 食材最好都是室溫，麵糊的流動性會比較好。

Chapter 2

午間充電小點

集中精神工作或唸書到了下午三、四點，
你是不是覺得特別需要補充一些能量？
這時吃點營養滿分的點心，
就能使你活力充沛地撐完全場！

巧克力豆燕麥餅乾
Chocolate Chip Oatmeal Cookies

燕麥餅乾是我人生中不可或缺的食物之一，尤其是加了巧克力豆的它，豐富的滋味更令我忘魂。這款燕麥餅乾有著富含纖維質的燕麥片外，主體也是由燕麥粉與杏仁粉製成，讓每一口美味與營養都兼具。

巧克力豆

烘焙用的巧克力豆融點通常比較高，不易在烘烤時像一般巧克力那樣完全融化。大多數的黑巧克力豆（可可含量 60% 以上）都不含蛋奶或其他動物性製品，但最好還是在購買前檢視成分，確認過敏源。如果平常就喜歡苦甜的黑巧克力，建議可以選用可可含量 70 ～ 80% 的巧克力豆；如果喜歡甜一點的口味，50 ～ 65% 可能比較適合你。

49

巧克力豆燕麥餅乾

份量 11 片（直徑約 5 cm）

Ingredients

生胡桃 40 g

椰子油 48 g

杏仁醬 30 g

有機蔗糖 45 g

植物奶 1 Tbsp

天然香草精 1/2 tsp

傳統燕麥片 45 g

燕麥粉 40 g

杏仁粉 25 g

小蘇打粉 1/4 tsp

鹽 1/8 tsp

亞麻仁籽粉 12 g

50～70% 黑巧克力
　豆 50 g

核桃碎 2 Tbsp

Method

1　烤箱以 175℃預熱；烤盤鋪上烘焙烤墊或烘焙紙備用。

2　將生胡桃與椰子油放入小鍋中，以小火加熱至聞到胡桃的香氣即熄火，用篩網將椰子油過濾到一個大碗中，放涼備用。胡桃若沒有很焦，可以留著日後加入沙拉或其他餐點食用。

3　將杏仁醬、蔗糖放入已冷卻的椰子油中，用叉子或攪拌器混合均勻，再加入植物奶、香草精，攪拌至完全均勻。

4　接著加入燕麥片、燕麥粉、杏仁粉、過篩的小蘇打粉、鹽、亞麻仁籽粉，繼續用叉子攪拌混合，最後再加入黑巧克力豆與核桃碎，攪拌至全部材料混合均勻。可保留一小把黑巧克力豆於表面點綴用。

5　接著用量匙的大匙（Tbsp）挖取 1 平匙的量壓實，取出用手整形成圓球狀，排在烤盤上；排入烤盤時需預留間隔，重覆上述步驟至材料用完。

6　用手掌壓平麵團，至直徑約 5 cm 大小，每片麵團平均放上一些預留點綴用的巧克力豆並輕壓，用手指將邊緣稍微塑形使其平滑。

7　放入預熱好的烤箱中烘烤 18～20 分鐘，至表面金黃，摸起來微硬即可出爐，連同烤盤一起置於網架上放涼即可。

Preservation

放入保鮮盒中加蓋密封，室溫約可保存 2 週。

蒜香點心棒
Garlic Cookie Sticks

我非常喜歡大蒜的香氣,於是就將它融入做成鹹口味的酥脆點心。這個點心棒主要是由美國杏仁粉、燕麥粉,與糙米粉製成,有著淡淡的堅果香與酥脆的口感。如果你喜歡大蒜的滋味,我想你一定也會喜歡這款點心!

份量 12 ~ 14 條(約 15×1 cm)

Ingredients

杏仁粉 45 g

燕麥粉 30 g

生糙米粉 40 g

泡打粉 1 tsp

小蘇打粉 1/8 tsp

大蒜粉 1 tsp

乾燥奧勒岡葉 1/2 tsp

鹽 1/4 tsp

冷壓初榨橄欖油 18 g

楓糖漿 1/2 tsp

冰水 2 Tbsp

黑芝麻 1 tsp

白芝麻 1 Tbsp

Method

1 烤箱以 175℃ 預熱。

2 將杏仁粉、燕麥粉、生糙米粉、泡打粉、小蘇打粉、大蒜粉、乾燥奧勒岡葉、鹽,都放入同一個攪拌盆中,用叉子混合拌勻。

3 接著加入橄欖油、楓糖漿和冰水攪拌均勻,直到用手指按壓可捏成團。

4 麵團的上下各墊 1 張烘焙紙,用擀麵棍擀成厚約 0.4cm、長 15cm 的長方形麵皮。

5 用利刀或披薩滾刀切割成寬約 1 cm 的長條麵皮,排在烤盤上,撒上黑、白芝麻後,用手指輕壓。

6 放入預熱好的烤箱中烘烤 15 ~ 18 分鐘,至表面金黃即可出爐,連同烤盤一起置於網架上放涼即可。

Preservation

放入保鮮盒中加蓋密封,室溫約可保存 2 週。

Note

● 冰水:使用冰水可以讓麵團的溫度較低,才不會在擀的時候變得太軟而不好操作。

可可覆盆莓奇亞籽布丁

Raspberry Cacao Chia Pudding

如果你喜歡冰涼、有顆粒口感的 QQ 點心，那這道可可覆盆莓奇籽布丁非常適合你！奇亞籽不僅讓這點心有著 Q 彈的口感，也富含蛋白質與 Omega-3，融入可可粉與適當的楓糖漿，則為這道點心賦予苦甜適中的巧克力風味。

份量 2 杯（1 杯約 200 ml）

Ingredients

奇亞籽 4 Tbsp

可可粉 1 Tbsp

堅果醬 1 Tbsp

楓糖漿 2 Tbsp

植物奶 240 g

冷凍覆盆莓
　4～6 Tbsp

原味爆米香粒 6 Tbsp

Method

1　將奇亞籽、可可粉、堅果醬、楓糖漿、植物奶放入密封罐中，混合攪拌均勻。

2　蓋上蓋子，放入冰箱冷藏一晚，或至少 4 小時。

3　取出稍微攪拌一下，可視個人喜歡再額外添加植物奶調整濃稠度。

4　可直接於奇亞籽布丁表面加上覆盆莓和爆米香粒，或是如圖挖取至另一個罐子中堆疊層次。

Preservation

放入保鮮盒中加蓋密封，冷藏約可保存 3～4 天。

Note

● **覆盆莓**：冷凍覆盆莓解凍後會產生汁液，會讓布丁口感比較濕潤柔軟。如果你喜歡口感硬一些，也可以使用新鮮的覆盆莓。

義式香料脆餅
Italian Herb Crackers

義大利香料除了能應用在料理，也能融入烘焙，製作出充滿香草風味的美味脆餅。相較於新鮮香料，它的取得與保存上也都比較便利，在一般超市或是賣場都找得到。這款餅乾結合義大利香料、洋蔥粉、大蒜粉以及橄欖油的香氣，非常適合喜歡西式香料的朋友。

份量 25～28 小片
模具 圓形餅乾模（直徑約 3 cm）1 個

Ingredients

生糙米粉 35 g
杏仁粉 70 g
燕麥粉 40 g
泡打粉 1/4 tsp
洋蔥粉 1/4 tsp
大蒜粉 1/8 tsp
鹽 1/4 tsp+1/8 tsp
義大利香料 2 tsp
亞麻仁籽粉 1 Tbsp
冷壓初榨橄欖油 24 g
冰水 3 Tbsp

Method

1 將烤箱預熱至 175℃；烤盤鋪上烘焙烤墊備用。

2 將生糙米粉、杏仁粉、燕麥粉、泡打粉、洋蔥粉、大蒜粉、鹽、義大利香料、亞麻仁籽粉放入同一大碗中，混合均勻。

3 加入橄欖油與冰水混拌均勻，用手將材料按壓成為均勻麵團。

4 麵團的上下各放 1 張烘焙紙，用擀麵棍擀成約 0.3 cm 的厚度。

5 用圓形餅乾模壓出小餅乾麵團，排在烤墊上。可將零碎的麵皮重新揉成麵團再擀開壓模，直到全部麵團用完為止。

6 放入預熱好的烤箱中烘烤約 13～15 分鐘，待聞到香氣，餅乾摸起來微硬即可出爐，放在網架上至完全冷卻即可。

Preservation

放入保鮮盒中加蓋密封，室溫約可保存 2 週。

胡蘿蔔葡萄乾方塊
Carrot Raisin Oat Squares

一般胡蘿蔔都用來入菜烹調，何不把它也一起融入點心呢？胡蘿蔔的甜味在蔬果裡可說是名列前茅，結合肉桂粉與肉豆蔻粉之後，會散發獨特的風味，和一般料理時的滋味很不同。這款胡蘿蔔葡萄方塊不需要烘烤，簡單的攪打、混合，冷凍一下就可以快速享用！

份量 8 塊（約 4.5×4 cm）
模具 8 吋長方形模（底內徑 19×8.5 cm）1 個

Ingredients

去籽椰棗乾 50 g

傳統燕麥片 45 g

胡蘿蔔絲 80 g

奇亞籽 1 Tbsp

椰蓉 20 g

熟核桃 40g

肉桂粉 1/2 tsp

肉豆蔻粉 1/8 tsp

鹽 1/8 tsp

椰子油（融化）18 g

楓糖漿 20 g

葡萄乾 30 g

Method

1 模具內鋪上烘焙紙備用。

2 將去籽椰棗乾放入食物處理機，攪打至細碎。

3 接著加入燕麥片、胡蘿蔔絲、奇亞籽、椰蓉、核桃、肉桂粉、肉豆蔻粉、鹽，繼續攪打約 10 秒，至燕麥片切碎即可。

4 續加入融化的椰子油、楓糖漿、葡萄乾，攪打混合至整體質地均勻。

5 將 4 的材料倒入模具中，用矽膠刮刀壓平壓實，直接放入冰箱冷凍 20 ～ 30 分鐘，即可取出脫模，切塊享用。

Preservation

放入保鮮盒中加蓋密封，冷藏約可保存 4 ～ 5 天，冷凍約 2 週。

Note

● 椰子油：可隔水加熱，或者利用微波的方式融化，放涼後使用。

● 葡萄乾：也可以用你喜歡的果乾替換，試試不一樣的組合滋味。

香橙瑪德蓮
Orange Madeliene

將新鮮橙皮融入鬆軟的瑪德蓮小蛋糕中,再沾裹上巧克力,橙橘的滋味的巧克力
結合出一種魔力。這款小貝殼蛋糕是使用富含維生素的生蕎麥粉與杏仁粉製作,
口感較一般的瑪德蓮更鬆軟一些,建議常溫或用烤箱烤微溫熱享用。

甜橙

甜橙是統一名稱,有許多不同的品種,柳丁也是其一。但柳
丁的香氣較為不足,汁液也沒有那麼香甜,所以建議挑選較
大顆的進口甜橙,汁液較多,酸香的風味用來製作甜點時也
才足夠。甜橙大部份的產季在 3 ～ 11 月之間,在台灣在超
市或是大賣場比較容易買的到進口的甜橙。

香橙瑪德蓮

份量 6 個

模具 六連瑪德蓮模 1 個

Ingredients

生蕎麥粉 30 g

杏仁粉 40 g

泡打粉 1+1/4 tsp

鹽 1/8 tsp

椰子油（融化）
    30 g

蘋果醬 70 g

楓糖漿 35 g

新鮮甜橙汁 1 Tbsp

橙皮磨屑 1 tsp

Method

1 烤箱以 180℃ 預熱。在模具內側抹上一層椰子油（配方份量外），建議可以多抹一些，否則不容易脫模。

2 將生蕎麥粉、杏仁粉放入大碗中，篩入泡打粉與鹽，混合拌勻備用。

3 在 **2** 的乾料中央挖出一個洞，加入融化的椰子油、蘋果醬、楓糖漿、甜橙汁和橙皮屑，用矽膠刮刀混合攪拌成均勻麵團。

4 將麵糊平均倒入模具中，將烤盤輕敲桌面幾下，使麵糊表面平整。

5 放入預熱好的烤箱中烘烤 15 ～ 18 分鐘，至竹籤插入中央沒有濕麵糊沾黏即可出爐。

6 靜置 10 分鐘，再用蛋糕抹刀幫助脫模，待完全冷卻即可。

Preservation

放入保鮮盒中加蓋密封，冷藏約可保存 4 ～ 5 天，冷凍約 2 週。取出退冰回復至室溫，或放入烤箱稍微加熱一下即可享用。

Note

● **椰子油**：可隔水加熱，或者利用微波的方式融化，放涼後使用。

九層塔脆餅
Taiwanese Basil Crackers

台灣的九層塔香氣在眾多香草植物中，風味算是數一數二的突出。將它融入餅乾裡，再搭配多種穀物及堅果粉，就能做出既營養，又讓人忍不住一口接一口的解饞鹹餅乾。

份量 24 片（約 3 cm 正方）

Ingredients

生蕎麥粉 20 g

生糙米粉 50 g

杏仁粉 20 g

亞麻仁籽粉 1 Tbsp

白胡椒粉 1/8 tsp

辣椒粉（粗粒）
　　1/4 tsp

有機蔗糖 1 tsp

大蒜粉 1/2 tsp

泡打粉 1/4 tsp

新鮮九層塔（洗淨晾
　　乾）10 g

冷壓初榨橄欖油 10 g

薄鹽醬油 1/2 Tbsp

冰水 20 g

Method

1　烤箱以 175℃預熱。

2　將生蕎麥粉、生糙米粉、杏仁粉、亞麻仁籽粉、白胡椒粉、辣椒粉、蔗糖、大蒜粉、泡打粉都放入同一大碗中，用叉子攪拌均勻。

3　將新鮮九層塔切碎，與橄欖油混拌在一起，再與薄鹽醬油、冰水一同加入 **2** 的材料中，用叉子大致拌勻後，再用手將按壓成團。若麵團質地偏乾，可再加入少許冰水。

4　麵團的上下各墊 1 張烘焙紙，用擀麵棍擀成約 0.3cm 厚的長方形麵皮。

5　用利刀或披薩滾刀切割出長、寬約 3 cm 的方塊，排入烤盤中。

6　放入預熱好的烤箱中烘烤 18 ～ 22 分鐘，至餅乾表面變乾而且稍硬，直接讓它留在烤箱裡至完全冷卻。

7　取出後，依切線將餅乾剝開即可。

Preservation

放入保鮮盒中加蓋密封，室溫保存約可保存 1 週，冷藏約 2 週。

蔓越莓椰子球
Cranberry Coconut Energy Balls

比起一般的椰子球甜點，這款蔓越莓椰子球結合了蔓越莓果乾的酸甜與椰子的南洋香氣，再加上核桃的堅果滋味，多層次的風味和口感除了不容易吃膩，又可以為你在短短的充電時刻補充豐富的能量！

份量 約 18 ～ 20 顆（直徑約 3 cm）

Ingredients

椰蓉 60 g + 4 Tbsp

蔓越莓果乾 50 g

熟核桃 48 g

傳統燕麥片 45 g

亞麻仁籽粉 2 Tbsp

杏仁醬 40 g

楓糖漿 2 Tbsp

飲用水 10 ～ 15 g

Method

1 將椰蓉 60 g、蔓越莓果乾、熟核桃、燕麥片、亞麻仁籽粉放入食物處理機中，攪打混合約 10 ～ 20 秒，至蔓越莓乾顆粒細碎。

2 接著加入杏仁醬、楓糖漿、飲用水，繼續用食物處理機攪打至整體混合均勻，直到用手指按壓可捏成團；若質地偏乾，可再加少許飲用水攪打，來調整濕度。

3 接著用量匙的大匙（Tbsp）挖取 1 平匙的量壓實，取出用手搓成圓球狀；排入烤盤時需預留間隔，重覆上述步驟至材料用完。

4 將椰蓉 4 Tbsp 放入小碗中，再將 **3** 分別放入碗中滾動，使表面沾滿椰蓉即可；也可放入密封盒中，冷藏後再享用。

Preservation

放入保鮮盒中加蓋密封，冷藏約可保存 4 ～ 5 天，冷凍約 2 週。

Note

● **蔓越莓**：市售的蔓越莓果乾甜度不一，可以依個人口味挑選適合自己甜度的來使用。我個人則是喜歡用減糖的蔓越莓果乾。

巧克力開心果脆塊
Chocolate Pistachio Snack Bars

開心果的滋味是堅果中獨一無二的。將開心果結合富含 Omega-3 的核桃和 70% 的黑巧克力豆所烘烤出的點心脆塊，滋味非常迷人，適當的甜度讓人意猶未盡。

份量 8 塊（約 4.5×4 cm）
模具 8 吋長方形模（底內徑 19×8.5 cm）1 個

Ingredients

生開心果仁 40 g

傳統燕麥片 45 g

核桃（略切碎） 30 g

亞麻仁籽粉 2 Tbsp

鹽 1/8 tsp

70% 黑巧克力豆 30 g

椰蓉 5 g

天然香草精 1/4 tsp

杏仁醬或其它堅果醬 15 g

椰子油（融化）6 g

楓糖漿 30 g

Method

1 烤箱以 175℃預熱；模具內鋪上烘焙紙備用。

2 生開心果仁、燕麥片、生核桃、亞麻仁籽粉、鹽、黑巧克力豆、椰蓉放入一個大攪拌盆中，用矽膠刮刀將材料混拌均勻。

3 加入剩餘的所有食材，混合攪拌均勻。

4 將 **3** 的材料裝入模具中，用矽膠刮刀壓平、壓緊。

5 放入預熱好的烤箱中烘烤 25～30 分鐘，至表面呈金黃色即可出爐，連同模具放在網架上至完全冷卻。

6 脫模後，用鋒利的刀子平均分切成 8 塊即可。

Preservation
放入保鮮盒中加蓋密封，室溫約可保存 3 天，冷藏約 1～2 週。

鹹香咖哩點心球

Savory Curry Energy Balls

是的，咖哩也可以融入點心！以腰果為主體，嚐得到堅果的香氣，融入咖哩粉和薑黃粉之後，讓這道點心球不僅充滿風味，也能順便幫身體加強免疫力！

份量 12 顆（直徑約 3 cm）

Ingredients

傳統燕麥片 60 g

熟腰果 80 g

薑黃粉 1/4 tsp

咖哩粉 1/2 tsp

鹽 1/4 tsp

現磨黑胡椒少許

杏仁醬 1 Tbsp

飲用水 1.5 Tbsp

楓糖漿 1 tsp

Method

1 將燕麥片、熟腰果、薑黃粉、咖哩粉、鹽、現磨黑胡椒放入食物處理機，攪打至粗碎粒狀。切記不要攪打過度，否則會影響口感。

2 加入剩餘全部食材，繼續攪打至材料逐漸黏結成團。若整體質地偏乾，可以再加少許飲用水攪打片刻，並用矽膠刮刀將沾黏在周圍的材料刮整乾淨。

3 接著用量匙的大匙（Tbsp）挖取 1 平匙的量壓實，取出用手搓成圓球狀，重覆上述步驟至材料用完。

4 可直接享用，或將點心球放入密封盒中，加蓋冷藏 15 分鐘再享用。

Preservation

放入保鮮盒中加蓋密封，冷藏約可保存 4 ～ 5 天，冷凍約 2 週。

Chapter 3
加班能量補給

只要事先備妥這些香辣涮嘴的能量點心，
當你熬夜加班又饑腸轆轆時，
再也不必費力張羅吃食，
就能讓你體力、腦力瞬間滿格！

辣椒起司脆餅
Chili Cheese Crackers

平常我喜歡三不五時吃點小辣，而這個辣椒起司脆餅就是這種特別的微辣點心。此外，我也特別在配方中加入營養酵母，增添有如起司般的鹹香滋味，讓這款點心成為風味極為獨特、順口的鹹餅乾。如果你喜歡辣味明顯一些，也可以再增加辣椒粉的份量。

營養酵母（Nutritional Yeast）
營養酵母和一般用來發酵麵包的酵母不同，是一種已經失去活性的酵母，最常見的是以釀酒酵母菌株培養而成，作為食品可直接食用。它的外觀是以類似奶油色的黃色薄片，或是製成粉末的狀態。它帶有類似起司的風味，可以為料理增添一股說不出的鹹香滋味。本書中也有教你使用營養酵母製作美味的全植物起司醬（P.120），用來製成醬料，或者拌義大利麵都很合適。

辣椒起司脆餅

份量 30 片（約 3.5 cm 正方）

Ingredients

即食燕麥片 90 g

葵花籽 50 g

辣椒粉（粗粒）
　1 tsp

營養酵母 2 Tbsp

鹽 1/4 tsp

粗粒黑胡椒 1/8 tsp

大蒜粉 1/4 tsp

有機蔗糖 1/2 Tbsp

醬油 1 tsp

冷壓初榨橄欖油
　10 g

冰水 30 g

Method

1　烤箱以 175℃預熱。

2　將即食燕麥片與葵花籽放入食物處理機中磨成細粉。

3　將 2 與辣椒粉、營養酵母、鹽、黑胡椒、大蒜粉、蔗糖放入同一大碗中，用叉子混拌均勻。

4　接著加入醬油、橄欖油和冰水攪拌均勻，再用手將材料按壓成團。

5　麵團的上下各墊 1 張烘焙紙，用擀麵棍擀成約 20 cm 的正方形麵皮。

6　用利刀或披薩滾刀切割出長、寬約 3.5 cm 的正方形切線。

7　放入已預熱烤箱中烘烤 15 ～ 18 分鐘，至表面乾燥、摸起來微硬即可出爐。

8　連同烤盤一起置於網架上放涼，再依切線將餅乾剝開即可。

Preservation

放入保鮮盒中加蓋密封，室溫約可保存 1 週，冷藏約 2 週。

咖啡核桃能量球
Coffee Walnut Energy Balls

提到下午茶，總是會想到咖啡，讓我們不妨把咖啡的滋味融入能量球裡吧！除此之外，裡頭也加入了營養豐富的核桃、椰棗與燕麥片，讓每一口除了美味外，也富含滿滿的能量！

份量 10 顆（直徑約 3 cm）

Ingredients

去籽椰棗 100 g

傳統燕麥片 70 g

熟核桃 60 g

即溶咖啡粉 2 tsp

可可粉 1 tsp

鹽 1/8 tsp

飲用水 3 ～ 5 tsp

全粒熟核桃 10 顆

Method

1 將去籽椰棗放入食物處理機，攪打成細碎狀。

2 接著放入燕麥片、熟核桃、即溶咖啡粉、可可粉、鹽，繼續攪打至大略切碎即可。

3 加入飲用水，繼續攪打至整體材料混合均勻，用手指輕捏能黏結在一起；若質地偏乾的話，可再加少許飲用水攪打，來調整濕度。

4 接著用量匙的大匙（Tbsp）挖取 1 平匙的量壓實，取出用手搓成圓球狀，排入平盤中。重覆上述步驟至材料用完。

5 在每個能量球上分別壓入 1 顆熟核桃即可享用；也可放入密封盒中 20 分鐘，口感會更加紮實。

Preservation

放入保鮮盒中加蓋密封，冷藏約可保存 4 ～ 5 天，冷凍約 2 週。

椒鹽亞麻仁籽餅乾
Pepper Salt Flaxseed Crackers

胡椒的香氣結合適當的鹹味，再搭配亞麻仁籽以及初榨橄欖油的香氣，便是道鹹香涮嘴的傳統口味點心。偶爾也想吃點懷舊零嘴時，一定要嚐嚐這一味！

份量 12 片（約 7×3.5 cm）

Ingredients

杏仁粉 70 g

糙米粉 30 g

椒鹽粉 1.5 tsp

亞麻仁籽 2 Tbsp

亞麻仁籽粉 2 Tbsp

粗粒黑胡椒 1/2 tsp

冷壓初榨橄欖油 15 g

冰水 20 g

Method

1 烤箱以 175℃ 預熱。

2 將杏仁粉、糙米粉、椒鹽粉、亞麻仁籽、亞麻仁籽粉、黑胡椒放入同一大碗中，用叉子混拌均勻。

3 接著加入橄欖油與冰水拌勻，再用手將材料按壓成團。

4 麵團的上下各墊 1 層烘焙紙，用擀麵棍擀成長約 21 cm、寬約 14 cm 的長方形麵皮。

5 用利刀或披薩滾刀切割出長 7cm、寬約 3.5 cm 的餅乾切線。

6 放入預熱好的烤箱中烘烤 15 ～ 18 分鐘，至表面乾燥、摸起來微硬即可出爐。

7 連同烤盤一起置於網架上放涼後，再依切線將餅乾剝開即可。

Preservation

放入保鮮盒中加蓋密封，室溫約可保存 1 週，冷藏約 2 週。

Note

● **亞麻仁籽**：亞麻仁籽有金黃色和棕色兩種，都可以使用。本書內的其他食譜大多是用金黃色的，因此這款餅乾使用棕色的亞麻仁籽，讓顏色更為突出。

香蕉奇亞籽能量棒
Banana Chia Energy Bars

香蕉是我每天都會吃的水果之一，富含維生素和礦物質，重點是它的甜度非常高，
很適合融入點心。這款香蕉奇亞籽能量棒就是完美的例子！

份量 8 條（約 2.3×8.5 cm）
模具 8 吋長方形模（底內徑 19×8.5 cm）1 個

Ingredients

香蕉（淨重）50 g

花生醬 30 g

楓糖漿 30 g

傳統燕麥片 45 g

泡打粉 1/4 tsp

鹽 1/8 tsp

肉桂粉 1/8 tsp

天然香草精 1/4 tsp

南瓜籽 23 g

核桃 18 g

奇亞籽 2 Tbsp

椰蓉 5 g

55～70% 黑巧克力
（可省略）20 g

Method

1 烤箱以 175℃預熱；模具內鋪上烘焙紙備用。

2 將香蕉放入大碗中，用叉子壓成泥。

3 將花生醬、楓糖漿加入 2 的香蕉泥中，用叉子混合拌勻。

4 接著加入其餘所有食材，用矽膠刮刀攪拌混合均勻。

5 將 4 拌勻的材料倒入模具中，放入預熱好的烤箱中烘烤
25～28 分鐘，至表面金黃、用手指觸摸表面時觸感略為
堅硬，即可出爐。

6 連同模具置於網架上至完全冷卻，再用利刀分切成 8 等份，
即可享用；或者再將黑巧克力以隔水加熱方式融化，淋在
表面。

Preservation

放入保鮮盒中加蓋密封，冷藏約可保存 4～5 天，冷凍約 2 週。

薑黃枸杞小方糕
Turmeric Goji Berry Mini Square Cake

薑黃富含增加免疫力的營養素，結合有著豐富胺基酸和維生素的枸杞，讓你吃點心的同時也能養生。另外這道點心最特別的是，烘焙前麵糊是淡黃色，但烘烤過卻會變成美麗的粉紅色喔！

份量 8 塊（約 4.5×4 cm）
模具 8 吋長方形模（底內徑 19×8.5 cm）1 個

Ingredients	Method
有機枸杞 1 Tbsp	**1** 烤箱以 175℃預熱；模具內鋪上烘焙紙備用；枸杞浸泡冷水備用。
生糙米粉 80 g	
燕麥粉 45 g	**2** 將生糙米粉、燕麥粉、鹽、薑黃粉、黑胡椒粉、蔗糖放入同一大碗中，再篩入泡打粉、小蘇打粉，用矽膠刮刀混合拌勻。
鹽 1/8 tsp	
薑黃粉 1 tsp	
黑胡椒粉 1 小撮	**3** 接著加入融化的椰子油、豆漿、鷹嘴豆水，攪拌至混合均勻。
有機蔗糖 50 g	
泡打粉 1/2 tsp	**4** 將 **3** 倒入模具中並輕輕搖晃，使麵糊分布均勻。
小蘇打粉 1/4 tsp	**5** 將枸杞瀝乾，與葡萄乾、南瓜籽、椰蓉均勻撒於麵糊表面。
椰子油（融化）12 g	**6** 放入預熱好的烤箱中烘烤 23 ～ 28 分鐘，至竹籤插入麵糊中央再取出時不會沾黏。
無糖豆漿 60 g	
鷹嘴豆水 60 g	**7** 出爐後連同模具置於網架上，冷卻至微溫時再脫模，用利刀切分成 8 塊即可享用。
葡萄乾 1 Tbsp	
南瓜籽 1 Tbsp	
椰蓉 1 Tbsp	

Preservation
放入保鮮盒中加蓋密封，冷藏約可保存 4 ～ 5 天，冷凍約 2 週。

Note

● **椰子油**：可隔水加熱，或者用微波的方式融化，放涼後使用。
● **枸杞**：一般枸杞可能會殘留農藥，建議盡量選購有機枸杞。

泰式酸辣腰果球
Thai Tom Yum Cashew Balls

你也跟我一樣喜歡泰式酸辣湯嗎？那天然南洋香料的滋味，讓我一吃就愛上！而且搭配上熟腰果的香氣，做成隨時都能來一口的小點心，酸酸辣辣的風味百吃不膩，真的非常令人著迷！

泰式酸辣湯香料包

這種香料包在南洋商店或是網路上都買得到，裡面的材料包括了檸檬葉、香茅乾、南薑片。當時會想要拿它來做點心，是因為曾經吃過類似風味的烤堅果，因此就想把它也做成能量球，心想或許用來做成鹹口味的餅乾，應該也很合適。

泰式酸辣腰果球

份量 12 顆（直徑約 2.5 cm）

Ingredients

泰式酸辣湯香料包
　　10 g

全粒熟腰果 70 g

傳統燕麥片 60 g

亞麻仁籽粉 1 Tbsp

醬油 1 tsp

楓糖漿 7 g

飲用水 20 g

熟腰果（切碎）
　　30 g

Method

1　將泰式酸辣湯香料包內的香料，放入研磨機中磨成細粉，挑除較大片未打碎的材料。

2　將腰果、燕麥片、亞麻仁籽粉、打碎的泰式酸辣香料細粉 2 tsp 放入食物處理機中，攪打細碎。

3　接著加入醬油、楓糖漿、飲用水，繼續攪打至整體混合均勻，用手指輕捏時，麵團能黏結在一起；若質地偏乾，可再加少許飲用水攪打，來調整濕度。

4　用量匙的大匙（Tbsp）挖取 1 平匙的量壓實。

5　取出用手搓成圓球狀，排在平盤上。重覆上述步驟至材料用完。

6　表面一一裹上腰果碎即可享用；也可放入密封盒中冷藏 20 分鐘，口感會更加紮實。

Preservation

放入保鮮盒中加蓋密封，冷藏約可保存 4 ～ 5 天，冷凍約 2 週。

Note

● **醬油**：市面上大多數的醬油因為是用小麥產物發酵，可能含有麩質，對麩質過敏的朋友選購時需特別留意。

黑芝麻司康
Black Sesame Scones

不同於用麵粉製作的司康，這款司康主要使用生蕎麥粉與燕麥粉製作，再加上黑芝麻，讓整體散發著淡淡的芝麻與穀物香氣，也讓滋味變得更耐人回味。另外這款司康使用的是融化的椰子油而非奶油，作法上更簡單，所以更不容易失敗。

份量 6 個

Ingredients

生蕎麥粉 75 g

燕麥粉 75 g

泡打粉 1/2 Tbsp

有機蔗糖 30 g

鹽 1/8 tsp

黑芝麻 10 g

椰子油（融化）
　　30 g

椰漿 50 g

Method

1　烤箱以 175℃預熱；烤盤內鋪烘焙紙或烘焙烤墊備用。

2　將生蕎麥粉、燕麥粉、泡打粉、蔗糖、鹽、黑芝麻放入同一大碗中，用叉子攪拌均勻。

3　接著加入融化椰子油和椰漿，繼續攪拌均勻，再用手將材料按壓成團。

4　麵團的上下各墊 1 層烘焙紙，用擀麵棍擀成約 1.5 cm 厚的圓形。

5　用刀子分切成 6 等份的三角形麵團，等距排列於烤盤上。

6　放入預熱好的烤箱中烘烤 18 ～ 20 分鐘，至表面乾燥、呈金黃色即可出爐，連同烤盤一起置於網架上放涼即可。

Preservation

放入保鮮盒中加蓋密封，室溫約可保存 1 週，冷藏約 2 週。

Note

● **椰漿：** 在台灣又稱為椰奶，最常見的是用來加入咖哩調整辣度的 400 ml 罐裝，脂肪含量約為 20% 左右，請勿使用直接飲用的椰奶飲料。

迷迭香脆餅
Rosemary Crackers

迷迭香是我最喜歡的香草之一,它有著明顯獨特的香氣。新鮮迷迭香在烤熟之後,類似松香的風味會轉為香甜,非常適合融入烘焙做成硬脆的餅乾。這裡我使用的是乾燥迷迭香,香氣比新鮮的淡一些,可依個人喜好調整迷迭香的使用份量。

份量 12 片(約 3 cm 正方)

Ingredients

生糙米粉 50 g

杏仁粉 50 g

亞麻仁籽粉 2 Tbsp

泡打粉 1/2 tsp

大蒜粉 1/4 tsp

乾燥迷迭香 1 Tbsp

鹽 1/4 tsp

楓糖漿 1 tsp

冷壓初榨橄欖油 20 g

冰水 22 g

粗鹽(表面裝飾用)
　少許

Method

1 烤箱以 175℃預熱。

2 將生糙米粉、杏仁粉、亞麻仁籽粉、泡打粉、大蒜粉、迷迭香、鹽放入同一大碗中,用叉子攪拌均勻。

3 接著加入楓糖漿、橄欖油與冰水,攪拌混合均勻,用手將材料按壓成團。若麵團偏乾,可再添加 1～2 tsp 的冷水攪打,來調整濕度。

4 麵團的上下各墊 1 張烘焙紙,用擀麵棍將麵團擀成約 0.3 cm 厚的長方形麵皮。

5 用利刀或披薩滾刀切割出長、寬約 3 cm 的方塊,在表面均勻撒上粗鹽。

6 放入預熱好的烤箱中烘烤 15～18 分鐘,至餅乾表面乾硬即可出爐。

7 連同烤盤移至網架上放涼後,再依切線將餅乾剝開即可。

Preservation

放入保鮮盒中加蓋密封,室溫約可保存 1 週,冷藏約 2 週。

Note

● **粗鹽**:我個人喜歡用鹽之花(Fleur de sel),也可以選用類似大小、比一般食鹽顆粒再稍微大一些的鹽。

藜麥種籽脆塊
Quinoa Multi-seed Flapjack

相信大家都會有嘴饞、想吃小點心的時候吧！這款藜麥種籽脆塊就是我喜歡的解饞點心之一。它不僅香脆，充滿種籽的它也富含蛋白質、礦物質等營養元素，讓人身心都感到滿足！

份量 8 塊（約 7×5 cm）
模具 10 吋長方形烤盤（底內徑 22×13.5 cm）1 個

Ingredients

燕麥粉 30 g
葵花籽 100 g
南瓜籽 30 g
白藜麥 45 g
白芝麻 30 g
黑芝麻 5 g
葡萄乾 50 g
亞麻仁籽粉 14 g
鹽 1/2 tsp
肉桂粉 1 tsp
椰子油（融化）
　2 Tbsp
楓糖漿 70 g

Method

1 烤箱以 175℃ 預熱；烤盤內鋪上烘焙紙或烘焙烤墊備用。

2 將椰子油和楓糖漿以外的全部材料，放入同一大碗中，用矽膠刮刀混合拌勻。

3 接著加入融化的椰子油、楓糖漿，攪拌至均勻。

4 將 3 倒入烤盤中，用矽膠刮刀將材料用力壓平，再用利刀分切成 8 個長方塊。

5 放入預熱好的烤箱中烘烤 20 ～ 25 分鐘，至表面金黃、用手指觸摸表面是乾燥的，即可取出，連同烤盤一起置於網架上放涼即可。

Preservation

放入保鮮盒中加蓋密封，冷藏約可保存 2 週。

Note

● **椰子油**：可隔水加熱，或者用微波的方式融化，放涼後使用。
● **有機白藜麥**：因為藜麥顆粒非常小，自行清洗容易浪費掉不少，因為建議最好可以使用包裝前已經完善清洗過的白藜麥比較方便，例如好市多科克蘭品牌。

黑糖薑味餅乾

Brown Sugar Ginger Cookies

黑糖和薑不僅能拿來煮薑茶，也可以變成一道風味獨特的點心。配方不用麵粉，
而是使用杏仁粉、燕麥粉、生糙米粉，讓這款餅乾不僅保有酥脆的口感，同時也
增加了更豐富的營養。

份量 10 片（直徑約 4 cm）

Ingredients

杏仁粉 40 g

燕麥粉 45 g

生糙米粉 40 g

黑糖 35 g

泡打粉 1/2 tsp

鹽 1/8 tsp

薑粉 1 tsp

肉桂粉 1/4 tsp

椰子油（融化）30 g

冰水 10 g

Method

1 烤箱以 175℃預熱；烤盤鋪上烘焙紙或烘焙烤墊備用。

2 將除了椰子油和冰水以外的全部材料，放入同一大碗中，
用矽膠刮刀混合拌勻。

3 接著加入椰子油與冰水攪拌均勻後，用手按壓成團。若質
地偏乾，可加入少許水調整濕度，至可黏結成團的程度。

4 用量匙的大匙（Tbsp）挖取 1 平匙的量壓實，取出用手搓
成圓球狀；排入烤盤時需預留間隔，重覆上述步驟至材料
用完。

5 用手掌按壓成扁圓形，每片需保持等距間隔。

6 放入預熱好的烤箱中烘烤 12 ～ 15 分鐘，至表面金黃、用
手指觸摸表面呈乾燥時即可出爐，連同烤盤一起置於網架
上放涼即可。

Preservation

放入保鮮盒中加蓋密封，室溫約可保存 2 週。

Chapter 4

運動營養點心

如果你有健身或者登山、跑步等運動習慣，
適時補充高蛋白，是鍛鍊肌肉和恢復體力的不二良方。
記得準備一些方便攜帶的高蛋白點心在身邊，
隨時為自己補充所需營的養與能量！

甜菜根芝麻能量球
Beetroot Sesame Energy Balls

甜菜根有著自然的甜味,加上帶有大地風味的中東芝麻醬,以及熟核桃、燕麥片、椰棗等食材的加持,讓這款點心成為自然甜,卻又滋味獨特的能量球。此外,甜菜根富含鐵、鎂、葉酸和抗氧化特性,是運動前後都很適合攝取的超級食物。

中東芝麻醬(Tahini)

是由白芝麻磨製而成的醬,但是它的滋味和台灣傳統的白芝麻醬非常不一樣。它的風味不像台灣白芝麻醬那麼強烈,而是偏向堅果的原始香氣,單吃會有一點點的微苦,同時帶有大地的滋味,除了能製作調醬,也很適合融入烘焙,作為堅果醬的替代品。台灣在一些進口超市有(Jason's Market, City'super),也可以透過網購取得。我大多都是在 iHerb 上購買。

甜菜根芝麻能量球

份量 12 顆（直徑約 2.5 cm）

Ingredients

新鮮甜菜根（刨絲
　淨重）60 g

去籽椰棗 60 g

熟核桃 60 g

傳統燕麥片 40 g

中東芝麻醬 2 tsp

椰蓉 2 Tbsp

熟白芝麻 2 Tbsp

Method

1　將甜菜根用刨絲器刨成粗絲。

2　將去籽椰棗放入食物處理機中，攪打至細碎。

3　接著加入熟核桃、燕麥片、甜菜根絲、中東芝麻醬、椰蓉，
　　繼續攪打混合至均勻。

4　用量匙的大匙（Tbsp）挖取 1 平匙的量壓實，取出用手搓
　　成圓球狀。重覆上述步驟至材料用完。

5　熟白芝麻放入小碗中，將能量球分別放入碗中滾動，使表
　　面裹上一層白芝麻。

6　能量球可直接享用，也可放入密封盒中冷藏 20 分鐘，口感
　　會更加紮實。

Preservation

放入保鮮盒中加蓋密封，冷藏約可保存 3 ～ 4 天，冷凍約 2 週。

Note

● **甜菜根**：甜菜根在一般傳統市場就能買到，一般需要冷藏保存，可詢問菜攤是否有販售，或
者在有機食品店也都買得到。將甜菜根洗淨去皮後，切塊或切絲即可使用。

花生醬燕麥餅乾
Peanut Butter Oatmeal Cookies

身為花生醬控的我，每天不吃幾片花生醬餅乾總覺得渾身不對勁，而這款花生醬燕麥餅乾就是我每天最愛享用的餅乾之一。它有著濃濃的花生醬滋味，同時結合燕麥片的營養與豐富纖維，吃起來不僅美味滿足，也很有飽足感。

份量 13～15 片（直徑約 6 cm）

Ingredients

亞麻仁籽粉 1 Tbsp

水 2 Tbsp

椰子油（融化）24 g

純花生醬 90 g

楓糖漿 30 g

椰糖 20 g

天然香草精 1/2 tsp

傳統燕麥片 110 g

燕麥粉 20 g

杏仁粉 25 g

鹽 1/8 tsp

泡打粉 1/4 tsp

熟花生仁片 2 Tbsp

Method

1　烤箱以 175 ℃預熱；烤盤內鋪烘焙烤墊或烘焙紙備用。

2　將亞麻仁籽粉與水放入小碗中，混合均勻後靜置備用。

3　將融化的椰子油放入大碗中，加入花生醬、楓糖漿、椰糖、香草精混合拌勻，再加入 **2** 的亞麻仁籽液拌勻。

4　將燕麥片、燕麥粉、杏仁粉、鹽、泡打粉依序加入混合拌勻，再將略微切碎的熟花生片加入拌勻；可保留少許於最後表面點綴。

5　接著用量匙的大匙（Tbsp）挖取 1 尖匙的量壓實，取出用手搓成圓球狀；排入烤盤時需預留間隔，重覆上述步驟至材料用完。

6　用手壓扁至 0.5 cm 厚，每個間隔至少 1 cm，烘烤時才能受熱均勻。

7　放入預熱好的烤箱中烘烤 20 ～ 25 分鐘，至餅乾摸起來稍硬即可出爐，連同烤盤置於網架上放涼即可。

Preservation

放入保鮮盒中加蓋密封，室溫約可保存 2 週。

Note

● **椰子油**：可隔水加熱，或者利用微波的方式融化。

● **純花生醬**：為了達到最佳的化口感，建議使用無添加油的純花生醬；若是成分中含少許鹽的也可以，但記得要省略食譜配方中的鹽。

高蛋白奇亞籽燕麥杯
High Protein Chia Overnight Oats

運動健身之後，肌肉纖維會受到損傷，而蛋白質就是運動後修復肌肉最重要的營養素，同時也是能讓我們能感到飽足的重要角色。這款燕麥杯結合了富含蛋白質的奇亞籽、豆腐、豆漿還有花生醬，不僅美味，也能讓饑腸轆轆的你格外滿足。

份量 2 杯（1 杯約 200 ml）

Ingredients
嫩豆腐（瀝乾水分）
　　80 g

無糖豆漿 200 ml

奇亞籽 4 Tbsp

傳統燕麥片 50 g

純花生醬 20 g

楓糖漿 30 g

肉桂粉 1/4 tsp

香蕉（切片）1 根

冷凍或新鮮藍莓
　　4 Tbsp

Method

1 將嫩豆腐、豆漿放入食物調理機或果汁機中，攪打混合至滑順。

2 將全部食材放入 500 ml 的密封罐中，用湯匙攪拌均勻。

3 加蓋放入冰箱冷藏一晚，或至少 5 小時。

4 從冰箱中取出，視個人喜好添加 3 ～ 4 匙飲用水拌勻，以調整濃稠度。

5 用湯匙挖取奇亞籽燕麥，分別放入 2 個 200 ml 的密封罐中，放入約一半的量時加入香蕉片，再加入剩餘的奇亞籽燕麥，最後放上藍莓即可。也可視個人喜好再添加水果、楓糖漿、穀片等一起享用。

Preservation
放入保鮮盒中加蓋密封，冷藏約可保存 4 ～ 5 天。

Note

● **純花生醬**：為了達到最佳的化口感，建議使用無添加油的純花生醬；若是成分中含少許鹽的也可以，但記得要省略食譜配方中的鹽。

黑糖黃豆粉能量球
Brown Sugar Roasted Soy Balls

富含蛋白質、帶有烘烤香氣的熟黃豆粉，以及有著深韻不膩甜味的黑糖蜜，讓這款雙重組合的黑糖黃豆粉能量球，就像一道簡單純樸的和菓子。不過我還添加了多種堅果，讓蛋白質含量更為豐富，喜愛日式點心的朋友們，絕對不能錯過了。

份量 16～18 顆（直徑約 3 cm）

Ingredients

熟杏仁粒 70 g

即食燕麥片 60 g

熟核桃 70 g

亞麻仁籽粉 2 Tbsp

鹽 1/4 tsp

熟黃豆粉 4 Tbsp

沖繩黑糖蜜 4 Tbsp

飲用水 2 tsp

裹面：

熟黃豆粉 2 Tbsp

黑糖粉 2 Tbsp

Method

1　將熟杏仁、即食燕麥片、熟核桃、亞麻仁籽粉、鹽以及黃豆粉，全部放入食物處理機中，攪打至大略切碎即可。

2　續加入黑糖蜜、飲用水攪打至均勻，用手指按壓至可成團。

3　接著用量匙的大匙（Tbsp）挖取 1 平匙的量壓實，取出用手搓成圓球狀。重覆上述步驟至材料用完。

4　將黃豆粉與黑糖粉各放在一個小碗中，將一半的能量球分別裹上黃豆粉，一半分別裹上黑糖粉，或視個人喜好擇一。

5　能量球可直接享用，也可放入密封盒中冷藏 20 分鐘，口感會更加紮實。

Preservation

放入保鮮盒中加蓋密封，冷藏約可保存 4～5 天，冷凍約 2 週。

Note

● **熟核桃：**若食譜中沒有特別強調，基本上用任何形狀（1/8、1/2、整粒）的核桃都可以。

● **沖繩黑糖蜜：**盡量選用天然沖繩黑糖蜜，因為它的風味最理想，而且不會過於甜膩。其次則建議選擇台灣產的黑糖蜜，在台灣的超市或賣場大多就能找到。

化口花生方塊
Melt-in-your-mouth Peanut Squares

如果你像我一樣喜愛花生醬的濃郁滋味，那麼你一定也會愛上這款入口即化的花生方塊。花生的蛋白質含量高，美味之餘也能讓運動後急需的熱量和飽足感 up up ！因為它的口感非常酥鬆，拿取的時候也要特別小心，不然很容易就會鬆散開來喔。

椰子細粉（Coconut Flour）

它是曬乾椰肉打成的細粉，和一般常用的椰蓉（椰子粉）不同。它的質地非常特別，有如麵粉般細緻，吸水性也很強，而就是這樣獨特的食材特性，使這款花生方塊能有入口即化的口感。椰子細粉也經常被運用在一些無麩質或是免烤的食譜中，我也會拿它來做餅乾和點心球。目前椰子細粉可在一些烘焙店、進口超市或是網路商店購得。

化口花生方塊

份量 4 塊（約 7×4 cm）

模具 6 吋長方形模（底內徑 15×7 cm）1 個

Ingredients

純花生醬 90 g

椰糖 20 g

椰子油（融化）
　24 g

燕麥粉 25 g

杏仁粉 12 g

椰子細粉 16 g

泡打粉 1/4 tsp

表面裝飾：

70% 黑巧克力 50 g

熟花生片（略切碎）
　1+1/2 Tbsp

Method

1 烤箱以 175℃預熱；模具內鋪上烘焙紙備用。

2 將花生醬、椰糖、融化的椰子油放入大碗中，用叉子混合拌勻。

3 接著加入燕麥粉、杏仁粉、椰子細粉，篩入泡打粉，攪拌至整體質地均勻。

4 將 **3** 的材料舀入模具中，用矽膠刮刀均勻壓平，放入預熱好的烤箱中烘烤 25 ～ 30 分鐘，至表面質地乾燥即可出爐，置於網架上至完全放涼。

5 **裝飾表面：**將黑巧克力以隔水加熱的方式融化，淋在 **4** 的表面，輕輕搖晃使巧克力均勻鋪平。

6 將花生碎均勻撒在表面，直接放入冰箱冷藏約 15 ～ 20 分鐘，至餅乾摸起來稍硬且巧克力凝固，即可取出脫模。

7 準備一把夠長的刀子，將花生方塊平均切成 4 塊即可。

Preservation

放入保鮮盒中加蓋密封，冷藏約可保存 5 天，冷凍約 2 週。

N ote

● **純花生醬**：為了達到最佳的化口感，建議使用無添加油的純花生醬；若是成分中含少許鹽的也可以，但記得要省略食譜配方中的鹽。

番茄胡椒脆餅
Tomato Black Pepper Crackers

想來點鹹香、酥脆，又別具風味的的餅乾嗎？這款結合番茄乾的胡椒脆餅，就是
絕佳的選擇。它使用了富含維生素的生蕎麥粉，同時結合杏仁粉與葵花籽，除了
涮嘴，更是營養滿滿。吃膩市售口味能量棒的你，從此也有更多不同風味和口感
的選擇！

份量 16 片

Ingredients

生蕎麥粉 40 g

杏仁粉 24 g

葵花籽 70 g

乾燥奧勒岡 1/2 tsp

乾燥百里香葉 1/4 tsp

洋蔥粉 1/4 tsp

鹽 1/4 tsp

有機蔗糖 1/2 tsp

現磨粗粒黑胡椒
  1/4 tsp

油漬番茄乾（瀝乾）
  2 片

冷壓初榨橄欖油
  1/2 Tbsp

冰水 2 Tbsp

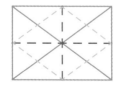

切割順序：
1 灰線⇨ 2 紅線⇨ 3 綠線

Method

1 烤箱以 175℃預熱。

2 將生蕎麥粉、杏仁粉、葵花籽、乾燥奧勒岡、乾燥百里香
  葉、洋蔥粉、鹽和蔗糖，全部放入食物處理機中，攪打至
  混合均勻。

3 接著加入現磨黑胡椒，並將油漬番茄乾切成小塊後加入，
  繼續攪打至番茄乾變得細碎。

4 將 **3** 的材料移入大碗中，加入橄欖油與冰水，用叉子混拌
  均勻後，用手按壓成團。

5 麵團的上下各墊 1 張烘焙紙，用擀麵棍擀成約 0.3 cm 厚的
  長方形麵皮。

6 用利刀或披薩滾刀先切割出 2 條對角線，再從中心點切十
  字線，接著再切菱形線，就能輕鬆切割出 16 片三角麵皮（請
  見左下圖說明）。

7 將麵皮排入烤盤，放入預熱好的烤箱中烘烤 12 ～ 15 分鐘，
  至餅乾表面脆硬。出爐後連同烤盤移至網架上放涼，再依
  切線將餅乾剝開即可。

Preservation
放入保鮮盒中加蓋密封，室溫保存約可保存 1 週。

薄荷檸檬能量球
Pepper Mint Lemon Energy Balls

覺得能量球的口味普遍都太濃重、容易膩口的人,這款滋味清爽酸香的能量球,
你一定要試試!我利用帶有清爽香氣與滋味的薄荷,再加上酸甜的黃檸檬,讓這
款能量球不僅有著迷人的堅果香氣,同時也賦予它百吃不膩的酸甜清爽風味。

份量 10 顆(直徑約 3 cm)

Ingredients

去籽椰棗乾 60 g

熟腰果 50 g

熟杏仁 50 g

楓糖漿 2 tsp

新鮮黃檸檬皮屑
　2 tsp

天然食用薄荷精
　1/4 tsp

奇亞籽 1 tsp

裏面:

椰蓉 4 Tbsp

新鮮黃檸檬皮屑
　4 tsp

Method

1　將去籽椰棗乾、熟腰果、熟杏仁放入食物處理機中,攪打
　　至細碎。

2　接著加入楓糖漿、新鮮黃檸檬皮屑、食用薄荷精、奇亞籽,
　　繼續攪打至全部材料質地均勻,用手指可捏成團。

3　用量匙的大匙(Tbsp)挖取 1 平匙的量壓實,取出用手搓
　　成圓球狀。重覆上述步驟至材料用完。

4　將椰蓉與新鮮黃檸檬皮(裏面用)放入同一碗中拌勻,分
　　別將能量球放入碗中滾動,至表面均勻裏上材料即可。

5　能量球可立即享用,也可放入密封盒中冷藏 20 分鐘,口感
　　會更加紮實。

Preservation

放入保鮮盒中加蓋密封,冷藏約可保存 4 ~ 5 天,冷凍約 2 週。

Note

● **新鮮黃檸檬皮:**相較於綠色的檸檬,黃檸檬的味道較為溫和香甜,因此較適用於這道食譜。

高蛋白鷹嘴豆布朗尼
High Protein Chickpea Brownies

超級食物之一的鷹嘴豆，在台灣俗稱「雪蓮子」，富含蛋白質且營養豐富，是非常百變的食材。鷹嘴豆煮熟除了可直接食用，也能融入點心做成布朗尼，而且最後的成品保證嚐不出任何的豆味，就像一般布朗尼一樣濕潤美味！

份量 6 塊（約 5×3.5 cm）
模具 6 吋長方形模（底內徑 15×7 cm）1 個

Ingredients
煮熟鷹嘴豆 120 g
純花生醬 60 g
楓糖漿 60 g
天然香草精 1/2 tsp
杏仁粉 24 g
可可粉 14 g
小蘇打粉 1/8 tsp
泡打粉 1/4 tsp
鹽 1/4 tsp
55 ～ 70% 黑巧克力
　豆 4 Tbsp

Method
1 烤箱以 175℃ 預熱；模具內墊烘焙紙備用。

2 將煮熟鷹嘴豆、純花生醬、楓糖漿、香草精放入食物處理機中，攪打至質地盡可能均勻滑順。攪打時中需視情況暫停，將沾黏在周圍的材料刮整乾淨，以確保全部材料都能攪拌均勻。

3 接著加入杏仁粉、可可粉、小蘇打粉、泡打粉和鹽，繼續攪打至材料完全混合均勻。

4 將 3 的麵糊倒入模具中，用矽膠刮刀將表面鋪平，均勻撒上黑巧克力豆。

5 放入預熱好的烤箱中烘烤 18 ～ 20 分鐘，至竹籤插入測試，直到不會沾黏麵糊即可出爐。

6 連同模具置於網架上放涼，脫模後即可切塊享用。

Preservation
放入保鮮盒中加蓋密封，冷藏約可保存 3 ～ 4 天，冷凍約 2 週。建議食用前用烤箱以 160℃ 烤 5 ～ 10 分鐘回溫，口感會較鬆軟。

Note
● **純花生醬**：為了達到最佳的化口感，建議使用無添加油的純花生醬；若是成分中含少許鹽的也可以，但記得要省略食譜配方中的鹽。

全植物起司馬鈴薯條
Potato Wedges with Vegan Cheese Sauce

運動過後適量地補充碳水化合物，可以幫助快速恢復體力。馬鈴薯是提供熱量的碳水化合物絕佳來源，而這款加了全植物起司醬的馬鈴薯條，豐富的滋味肯定會讓你愛不釋口！而這款起司醬也很適合用來作為炸物的沾醬或是淋醬。

馬鈴薯

我以前對馬鈴薯沒有太特別的情感，直到有次嘗試烤馬鈴薯才發現，原來馬鈴薯這麼美味！製作薯條最好選擇粉質馬鈴薯（黃皮或白皮，有斑點），像是台灣市面上常見的品種「大葉尼克伯」（Kennebec）、進口的褐皮馬鈴薯（Russet），才有綿泥的口感。馬鈴薯的皮很薄，我習慣洗乾淨、不削皮，直接連皮料理，這樣不僅少了廚餘，也能攝取到馬鈴薯皮上的豐富營養。

全植物起司馬鈴薯條

份量 約 600g（3 ～ 4 人份）

Ingredients

馬鈴薯條：

馬鈴薯 600 g

冷壓初榨橄欖油
1/2 Tbsp

鹽 1/4 tsp

粗粒黑胡椒 1/4 tsp

義大利香料粉
1/2 tsp

全植物起司醬：

生腰果 35 g

馬鈴薯（去皮切丁）
100 g

紅肉地瓜（去皮切
丁）100 g

大蒜粉 1 tsp

洋蔥粉 1/2 tsp

無糖蘋果醋 1 tsp

鹽 1/4 tsp

營養酵母粉 10 g

法式芥末醬 1/2 tsp

熱開水 60 g

Method

1 將起司醬的生腰果浸泡飲用水 3 ～ 6 小時，再用飲用水稍微清洗後瀝乾備用。。

2 **製作馬鈴薯條：**將烤箱以 180℃預熱；烤盤內墊烘焙紙或烘焙烤墊備用。

3 馬鈴薯切成約 1 cm 厚的楔形（wedges），放入大型調理盆中，加入橄欖油、鹽、黑胡椒、義大利香料粉，用手將調味料混拌抓勻。

4 將馬鈴薯條保持間隔平鋪在烤盤上，放入預熱好的烤箱中烘烤 30 ～ 40 分鐘，至馬鈴薯條外酥內軟，即可出爐。

5 **烤馬鈴薯同時，製作全植物起司醬：**煮一小鍋水，水滾後將馬鈴薯丁與地瓜丁放入鍋中，煮約 10 分鐘，至馬鈴薯用叉子可輕易插入。

6 將馬鈴薯與地瓜丁撈起瀝乾，放入食物調理機的調理杯中，再加入瀝乾的生腰果與其餘起司醬食材，攪打混合至整體質地均勻，中途需視情況停下來，將沾黏在周圍的材料刮乾淨，以免無法打勻。若有調理棒，建議搭配使用。

7 將打好的起司醬放入醬料碗中，搭配剛出爐的馬鈴薯條趁熱享用。

Preservation

將馬鈴薯條與起司醬分別密封保存。馬鈴薯條冷藏約可保存 3 ～ 4 天。食用前再用烤箱以 165℃烤約 10 分鐘。起司醬冷藏約可保存 7 天，食用前用微波爐加熱，或是放入鍋中，加一點飲用水，用小火邊煮邊攪拌至理想熱度。

Note

● **義大利香料粉**：如果沒有義大利香料粉，也可以選擇你喜歡的其他香料，例如百里香或巴西里，變換出各種不同的風味。

抹茶鷹嘴豆餅乾麵團球
Match Chickpea Cookie Dough

餅乾麵團（Cookie Dough）是西方常見的點心。這次特別加入鷹嘴豆，使口感更綿密，也提升了整體的蛋白質含量，讓你在品嘗時更有飽足感。在沒有時間好好吃頓早餐時，這款點心也能幫你補充滿滿的能量。

份量 12～14 顆（直徑約 3 cm）

Ingredients

煮熟鷹嘴豆 140 g

去籽椰棗 40 g

花生醬或堅果醬 30 g

楓糖漿 20 g

天然香草精 1/4 tsp

燕麥粉 40 g

抹茶粉 2 tsp

鹽 1/8 tsp

50～70% 黑巧克力豆 25+50 g

Method

1　準備 1 個可冷凍的容器或烤盤，鋪上烘焙紙備用。

2　將煮熟鷹嘴豆、去籽椰棗、花生醬、楓糖漿以及香草精放入食物處理機中，攪打混合至椰棗大略切碎。

3　續加入燕麥粉、抹茶粉和鹽攪打均勻，直到用手指按壓可捏成團，質地有一點濕潤即可。

4　將處理機的刀片取出，加入黑巧克力豆 25 g，用矽膠刮刀混拌均勻。

5　接著用量匙的大匙（Tbsp）挖取 1 平匙的量壓實，取出用手搓成圓球狀，排入平盤中。重覆上述步驟至材料用完。

6　將 **5** 放入冷凍 20～30 分鐘至其變硬。

7　將黑巧克力 50 g 以隔水加熱方式融化，沾裹或淋在表面即可享用。

Preservation

放入保鮮盒中加蓋密封，冷藏約可保存 4～5 天，冷凍約 2 週。

Note

● **煮熟鷹嘴豆：**我大多是用自己煮的鷹嘴豆，也可以用市售的鷹嘴豆罐頭，將液體瀝乾後，稍微沖洗後再使用。

無花果核桃能量棒
Fig Walnut Energy Bars

無花果乾的纖維含量豐富，而且富含維生素和礦物質，很適合運動流汗後補充營養。它酸酸甜甜的風味除了直接品嘗，也可以結合其他食材，變化成不同風味的點心，而這款能量棒就是最佳的例子之一！

無花果

酸甜的無花果乾不僅美味，它也富含膳食纖維，同時提供多種礦物質與維生素。常用的無花果乾產地有分土耳其與伊朗。伊朗無花果乾顆粒較小、質地較乾，而土耳其無花果乾體積較大，質地也更為濕潤。因此建議製作時，選用軟硬度較適合的土耳其無花果乾。

無花果核桃能量棒

份量 6 條（約 7×2.5 cm）
模具 6 吋長方形模（底內徑 15×7cm）1 個

Ingredients

土耳其無花果乾
    50 g

去籽椰棗乾 40 g

熟葵花籽 20 g

熟核桃 40 g

奇亞籽 1 Tbsp

椰蓉 10 g

椰子油（融化）
    1/2 Tbsp

飲用水 1 tsp

裝飾：

無花果乾 40 g

Method

1 將無花果乾、去籽椰棗放入食物處理機，大略切碎。

2 接著加入熟葵花籽、熟核桃、奇亞籽、椰蓉，攪打至混合均勻。

3 再加入融化的椰子油與飲用水，攪打至材料能稍微黏結成團。

4 模具內鋪上烘焙紙，再將 **3** 的材料舀入模具中，用矽膠刮刀按壓使材料緊實黏結在一起。

5 將裝飾用無花果乾切出剖面，每顆大略切成 3 片，平均分散擺放在能量棒表面，並稍微輕壓。

6 將模具放入冰箱冷凍約 15 分鐘後取出，分切成 6 等份的長條狀即可。

Preservation

放入保鮮盒中加蓋密封，冷藏約可保存 4～5 天，冷凍約 2 週。

雙倍巧克力能量球
Double Chocolate Energy Balls

這道巧克力能量球結合了可可粉與可可脂兩種不同的可可成分，製作出最接近可可本身風味的點心。如果你也跟我一樣是可可控（巧克力控），千萬別錯過了！

份量 10 顆（直徑約 3 cm）

Ingredients

去籽椰棗 80 g

熟胡桃 40 g

傳統燕麥片 45 g

未鹼化可可粉 1 Tbsp

可可脂（隔水加熱融化）1 Tbsp

杏仁醬或花生醬 15 g

55 ～ 70% 黑巧克力豆 20 g

Method

1 將去籽椰棗放入食物處理機中，攪打成細碎小塊。

2 接著放入胡桃、燕麥片、可可粉，繼續攪打至均勻。

3 用矽膠刮刀將處理機內的材料整理刮勻，再加入融化的可可脂、杏仁醬，繼續攪打至全部材料混合均勻，直到用手指按壓可捏成團。

4 續加入黑巧克力豆，以瞬速（Pulse）功能將巧克力豆混入材料中。

5 接著用量匙的大匙（Tbsp）挖取 1 平匙的量壓實，取出用手搓成圓球狀。重覆上述步驟至材料用完。

6 將能量球放入冰箱冷藏 20 分鐘，即可取出享用。

Preservation

放入保鮮盒中加蓋密封，冷藏約可保存 4 ～ 5 天，冷凍約 2 週。

Note

● **杏仁醬或花生醬**：兩種醬都能替換使用，但因為花生醬本身的味道比較濃重，如果使用花生醬的話，成品會有較明顯的花生醬風味

高蛋白可可花生方塊
High Protein Cacao Peanut Butter Squares

想來點像甜點般的高蛋白點心嗎？這道高蛋白可可花生方塊絕對能滿足你的需求！結合植物蛋白粉和蛋白質含量高的花生醬，加上苦甜的可可表層，補充能量之餘，也能讓你的心靈獲得滿滿的撫慰。

植物蛋白粉

市售蛋白粉經常含有牛奶或其他動物性製品，可用 Plant-based 或是 Vegan 這兩個關鍵字來判斷是否為全植物性。如果沒有植物蛋白粉，也可以用燕麥粉取代，但口感會稍有不同，使用燕麥粉時會比較有嚼勁一些。此外，不同品牌的植物蛋白粉甜度也不一，因此建議可以在製作到一半、尚未成形時先試吃一下，依個人口味再適度增加椰棗來調整甜度。

高蛋白可可花生方塊

份量 8 塊（約 4 cm 正方）
模具 8 吋加大長方形模（底內徑 19×9 cm）1 個

Ingredients

去籽椰棗 125 g
純花生醬 180 g
奇亞籽 15 g
植物蛋白粉 30 g
鹽 1/8 tsp
未鹼化可可粉 3 g
熟核桃 60 g

表層：
可可脂 24 g
可可粉 8 g
楓糖漿 10 g

Method

1　將去籽椰棗放入食物處理機中切成細碎狀，再加入純花生醬繼續攪打混合至均勻。

2　接著加入奇亞籽、植物蛋白粉、鹽、可可粉，攪打混合至無粉粒。攪打時中需視情況暫停，將沾黏在周圍的材料刮整乾淨，以確保全部材料都攪拌均勻。

3　最後加入熟核桃，以瞬速（Pulse）功能將核桃混入材料中。

4　模具內鋪上烘焙紙後，倒入 **3** 的材料，用矽膠刮刀壓實、壓緊，即可放入冰箱冷凍備用。

5　**製作表層：**將可可脂以隔水加熱的方式融化，之後移離熱源，加入可可粉與楓糖漿，用叉子攪拌混合均勻。

6　取出事先冷凍的模具，將融化混合好的巧克力液倒入蛋白棒表層，再快速搖晃轉動烤盤，使巧克力液能均勻平鋪於表面。

7　將模具直接放入冰箱冷凍 30 分鐘，再取出脫模，用利刀切分成 8 個直徑約 4 cm 的方塊即可。

Preservation

放入保鮮盒中加蓋密封，冷藏約可保存 4～5 天，冷凍約 2 週。

Note

● **純花生醬**：為了達到最佳的化口感，建議使用無添加油的純花生醬；若是成分中含少許鹽的也可以，但記得要省略食譜配方中的鹽。

Chapter 5

重磅能量甜點

想試著將咖啡館裡的點心，
也變成充滿能量的甜點嗎？
用料毫不手軟的甜點將要華麗變身，
等你來品嚐這極致的美味！

南瓜巧克力布朗尼
Pumpkin Chocolate Brownies

南瓜雖然屬於蔬果，而有自然甜味的它，打成泥也很適合融入烘焙類的點心之中。
這款巧克力布朗尼就是美味的南瓜點心代表之一！而我會想要將南瓜與布朗尼結
合，靈感來自於多年前在網路上看到一位英國烘焙師，將南瓜泥融入巧克力蛋糕
的影片，於是我就想南瓜與巧克力應該搭起來也不錯，事實果真如此！

南瓜泥

你可以用市售罐頭裝的純南瓜泥，或者自己製作。將西洋南
瓜（印度南瓜）洗淨，切半後挖除南瓜籽，烤盤鋪上烘焙紙，
將南瓜剖面朝下，放入預熱至 180℃的烤箱中，烘烤 40 ～
50 分鐘至南瓜肉熟軟；用湯匙挖出南瓜肉，放入食物處理
機打成南瓜泥，待涼後即可使用。

南瓜巧克力布朗尼

份量 8 塊（約 4 cm 正方）
模具 8 吋加大長方形模（底內徑 19×9 cm）1 個

Ingredients

巧克力布朗尼：

燕麥粉 45 g

杏仁粉 22 g

玉米澱粉 1 Tbsp

泡打粉 1/2 tsp

小蘇打粉 1/4 tsp

鹽 1/4 tsp

南瓜派香料粉 1/4 tsp

椰糖 40 g

70% 黑巧克力豆 40 g

滾燙熱水 75 g

天然香草精 1/2 tsp

杏仁醬 50 g

椰子油（融化）30 g

南瓜泥 60 g

植物奶 60 g

南瓜漩渦：

南瓜泥 60 g

杏仁醬 1 Tbsp

南瓜派香料粉 1/4 tsp

Method

1 烤箱以 175℃ 預熱；模具內鋪上烘焙紙備用。

2 **製作布朗尼本體麵糊：**將燕麥粉、杏仁粉、玉米澱粉、泡打粉、小蘇打粉、鹽、南瓜派香料粉以及椰糖，放入一個大碗中，用矽膠刮刀混拌均勻。

3 於另一碗中放入黑巧克力豆，倒入滾燙熱水，靜置約 1 分鐘，再用矽膠刮刀混拌至巧克力完全融化。

4 將香草精、杏仁醬、融化的椰子油和南瓜泥，加入融化的巧克力中，混合均勻。

5 將 4 的巧克力南瓜糊加入 2 的乾料碗中，將全部材料攪拌成為均勻麵糊。

6 將麵糊倒入模具中，輕震幾下使麵糊分布均勻，靜置備用。

7 **製作南瓜漩渦麵糊：**將南瓜泥、杏仁醬、南瓜派香料粉放入同一小碗中，攪拌均勻。

8 將麵糊間隔地滴在布朗尼麵糊表面，再用一支筷子畫小圈，製造漩渦圖樣。

9 放入預熱好的烤箱中烘烤 28 ～ 30 分鐘，至竹籤插入布朗尼中心，取出無濕麵糊沾黏即可出爐。

10 連同烤模置於網架上放涼後，直接脫模切塊即可享用，或者冷藏 1 ～ 2 小時後再享用。

Preservation

放入保鮮盒中加蓋或大塑膠袋中密封，冷藏約可保存 3 ～ 4 天，冷凍約 2 週。

Note

● 椰子油：可隔水加熱，或者利用微波的方式融化，放涼後使用。

● 南瓜派香料粉（Pumpkin Pie Spice）：是一種特別為南瓜派調配的混合香料，通常包含肉桂粉、薑粉、丁香粉與肉豆蔻粉。沒有的話，可用肉桂粉替代。

夏威夷果莎布蕾酥餅
Macadamia Sablé Cookies

莎布蕾酥餅（Sablé）是我非常喜歡的法式點心，入口即化的酥鬆口感真的很令人著迷！一般的莎布蕾酥餅大多由麵粉和奶油製成，這次就用燕麥粉、杏仁粉還有堅果醬、可可脂，來打造它獨特的酥鬆口感。另外我還加入了夏威夷果，為它添加滿滿的堅果香氣！

份量 12 片（直徑約 6.5 cm）

Ingredients

可可脂 22 g

夏威夷果仁醬或堅果醬 90 g

楓糖漿 20 g

有機蔗糖 50 g

燕麥粉 78 g

杏仁粉 24 g

鹽 1/8 tsp

泡打粉（過篩）1 tsp

小蘇打粉 1/8 tsp

夏威夷果（略切碎，留約 1/3 較完整的顆粒裝飾用）45 g

Method

1 烤箱以 175℃預熱；烤盤鋪烘焙烤墊或烘焙紙備用。

2 將可可脂隔水加熱融化後，與夏威夷果仁醬、楓糖漿、蔗糖一起放入同一大碗中，用叉子混合拌勻。

3 在另一碗中放入燕麥粉、杏仁粉、鹽、泡打粉、小蘇打粉，用叉子混合拌勻。

4 將 2 的可可脂混合液倒入 3 的粉料中，攪拌至大致均勻後，再加入切碎的夏威夷果（較大顆的留著表面點綴）。

5 續用叉子拌勻後，用手將材料按壓成為均勻麵團。

6 用量匙的大匙（Tbsp）挖取 1 尖匙的量壓實，取出搓成圓球狀；排入烤盤時需預留間隔，重覆上述步驟至材料用完。

7 用手掌將麵團壓成厚約 0.5 cm 的圓形，放上預留的夏威夷果輕輕按壓。

8 放入預熱好的烤箱中烘烤 15 ～ 18 分鐘，至表面呈金黃色即可出爐，連同烤盤移至網架上，待完全冷卻後享用。

Preservation

放入保鮮盒中加蓋密封，室溫約可保存 1 週，冷藏約 2 週。

Note

● **夏威夷果仁醬**：如同其他堅果醬，夏威夷果仁醬就是烤熟的夏威夷果直接打成的醬。夏威夷果仁醬在市面上尚不普遍，所以我大多是自己製作，或者用杏仁醬替代。這份食譜不建議用花生醬替代，因為花生醬的味道太強烈，會蓋掉夏威夷果的風味。

香蕉蛋糕 & 小荳蔻咖啡奶霜
Banana Cake with Cardamon Coffee Frosting

因為我覺得咖啡的味道和小荳蔻非常搭，所以把它們結合在一起，再搭配上香蕉蛋糕，讓這道甜點成為我的得意創作。這款香蕉蛋糕有著天然的香蕉甜味與香氣，紮實香甜的香蕉蛋糕體，搭配有著異國風味的小荳蔻咖啡奶霜，相信絕對是你從未品嚐過的滋味！

香蕉

香蕉是我最愛的水果之一。成熟的香蕉充滿自然的甜味，同時擁有泥潤的質地，也時常在烘焙食譜中用來作為雞蛋的替代品。烘焙時，我建議使用台灣最常見的香蕉（北蕉、台灣蕉），在常溫下放到摸起來偏軟時，很容易就能壓成泥狀。香蕉愈熟，甜度就愈高，蕉味也就愈明顯，和肉桂、小荳蔻的風味都非常搭。

香蕉蛋糕 & 小荳蔻咖啡奶霜

份量 6 吋四薄層圓形蛋糕 1 個

模具 6 吋圓形分離式蛋糕模 4 個（或 2 個做成比較厚的雙層蛋糕）

Ingredients

香蕉蛋糕：

Ⓐ

亞麻仁籽粉 14 g

水 90 g

Ⓑ

燕麥粉 136 g

杏仁粉 120 g

泡打粉 2 tsp

小蘇打粉 1/2 tsp

肉桂粉 1 tsp

鹽 1/4 tsp

Ⓒ

新鮮香蕉（淨重）310 g

椰子油（融化）48 g

楓糖漿 80 g

天然香草精 1 tsp

小荳蔻咖啡奶霜：

生腰果 140 g

即溶咖啡粉 2 tsp

楓糖漿 35 g

椰漿 130 g

椰子油（融化）48 g

天然香草精 1 tsp

鹽 1/8 tsp

小荳蔻粉 1/2 tsp

Preparation

將生腰果浸泡於飲用水中 4 ～ 6 小時，也可以放入罐中，放冰箱冷藏一晚。

Method

小荳蔻咖啡奶霜：

1 將浸泡生腰果的水倒掉，用飲用水稍微沖洗。

2 將生腰果與其他奶霜食材全部放入食物調理機中，攪打至整體滑順均勻。

3 將腰果奶霜倒入密封罐中，冷藏至少 4 小時。

香蕉蛋糕：

4 烤箱以 175℃ 預熱；全部的蛋糕模底部鋪烘焙紙備用。

5 將亞麻仁籽粉與水放入同一小碗中，拌勻後靜置備用。

6 將燕麥粉、杏仁粉放入同一大碗中，再篩入泡打粉、小蘇打粉、肉桂粉、鹽，用矽膠刮刀混合拌勻。

7 將香蕉放入另一大碗中，用叉子壓成細泥狀，再加入融化的椰子油、楓糖漿、香草精、**5** 的亞麻仁籽液，混合拌勻。

8 將 **7** 的香蕉糊倒入 **6** 的乾料中，混合拌勻至無粉粒。

9 接著將 **8** 的麵糊平均倒入蛋糕模中，將蛋糕模稍微舉起再輕敲桌面，讓麵糊表面平整，釋出大的氣泡。

10 放入預熱好的烤箱中烘烤 25 ～ 30 分鐘，至竹籤插入蛋糕中心，取出不會沾黏濕麵糊即可出爐。

11 不脫模，直接置於網架上至完全冷卻，再加蓋放入冰箱冷藏至少 1 小時。

組合：

12 將蛋糕從冰箱取出，用蛋糕抹刀繞著蛋糕周圍劃一圈以利脫模。脫模後將反面朝上置放，留 1 個蛋糕模備用。

13 將小荳蔻咖啡奶霜從冰箱取出，取大約 1/5 份量的奶霜抹在一片蛋糕上，放回預留的蛋糕模內，再放上另一片蛋糕，重覆上述步驟完成 5 片蛋糕的堆疊，並將剩餘的奶霜抹在蛋糕表面。

14 可直接切片享用，或者將蛋糕放回冰箱冷藏 1 ～ 2 小時，使其定型後再切片享用，亦可視個人喜好再搭配堅果碎或香蕉。

Preservation

放入保鮮盒中加蓋密封，冷藏約可保存 3 天，冷凍約 2 週。

Note

● **蛋糕模**：如果沒有 4 個蛋糕模，也可以只用 2 個，製作成比較厚的兩層蛋糕。

辣椒巧克力慕斯杯
Chili Chocoolate Mousse Cups

誰說辣椒只能配鹹食？！辣椒也能融入甜口味的點心裡！辣椒讓這款慕斯帶有一股獨特的香氣，而高蛋白的豆腐，讓人吃起來更容易有飽足感。做成方便攜帶的慕斯杯，讓你無論在哪裡，都像在咖啡館一樣愜意。每嚐一口，活力也會更加充沛！

份量 2 杯（1 杯約 180 ml）

Ingredients

可可脂 40 g

70% 黑巧克力 45 g

嫩豆腐 160 g

未鹼化可可粉 4 Tbsp

楓糖漿 30 g

辣椒粉（粗粒）1/2 tsp

天然香草精 1/2 tsp

肉桂粉 1/4 tsp

鹽 1/8 tsp

植物奶 120 g

Method

1 嫩豆腐從盒中取出，靜置於平盤上 5 分鐘讓它出水，再將水分瀝乾。

2 將可可脂與黑巧克力放入耐熱的圓底容器中，隔水加熱至融化混合。

3 將豆腐、可可粉、楓糖漿、辣椒粉、香草精、肉桂粉、鹽、植物奶放入食物處理機中，攪拌至材料大致混合。

4 將 2 的可可液加入 3 的豆腐糊中，繼續用食物處理機攪打混合至整體均勻。攪打時中需視情況暫停，將沾黏在周圍的材料刮整乾淨，以確保全部材料都能攪拌均勻。

5 將 4 的慕斯糊倒入 2 個 200 ml 玻璃罐中，加蓋後放入冰箱冷藏至少 1 小時，至慕斯凝固即可取出享用。

Preservation

放入保鮮盒中加蓋密封，冷藏約可保存 3 ～ 4 天。

Note

● 嫩豆腐：嫩豆腐是市售盒裝那種可以直接食用的涼拌豆腐。我很喜歡把豆腐融入甜點中，因為它不僅能達到綿潤的口感，營養價值也更高。

● 作法 3 和 4 也可以使用高性能（馬力足夠）的果汁機來替代食物處理機，但操作上還是食物處理機比較方便。

桂圓核桃派
Dried Longan and Walnut Pie

這道甜派是我的家人朋友都肯定的美味食譜。我把自己最愛吃的桂圓和核桃結合在一起，並且用椰棗與椰糖製作迷人的焦糖餡，獨特的韻味真的令人愛不釋口！

份量 7 吋圓形派 1 個

Ingredients

派皮：

杏仁粉 70 g
燕麥粉 100 g
泡打粉 1/4 tsp
黑糖 1 tsp
鹽 1/4 tsp
椰子油（融化）45 g
蘋果醬 30 g

餡料：

桂圓肉 40 g
椰漿 100 g
去籽椰棗 120 g
椰糖 35 g
楓糖漿 20 g
鹽 1/4 tsp
天然香草精 1/2 tsp
核桃（略切碎）60 g

表面配料：

核桃（略切碎）30 g
南瓜籽 10 g

Preparation

桂圓肉浸泡飲用水 1 小時，撈起後瀝乾備用。

模具 7 吋加深圓形分離式派盤 1 個

Method

1 **製作派皮：**烤箱以 175℃預熱；派皮底部鋪烘焙紙，模具側面抹一層椰子油（配方份量外）備用。

2 杏仁粉、燕麥粉、泡打粉、黑糖、鹽放入同一大碗中，用叉子拌勻後，加入椰子油、蘋果醬拌勻至成為均勻麵團。

3 將 **2** 的麵團移至模具內，將麵團按壓成為厚薄一致的派皮。

4 用叉子在底部戳一些小洞以防烘烤時鼓起，放入預熱好的烤箱中烘烤 12 ～ 15 分鐘，至底部熟透即可出爐（等待派皮烘烤時，進行步驟 **5** 製作餡料），不脫模置於網架上放涼，空烤箱繼續加熱。

5 **製作餡料：**將椰漿、椰棗、椰糖、楓糖漿、鹽放入小鍋中，用中小火加熱約 3 ～ 4 分鐘，至椰棗軟化即熄火。

6 待 **5** 稍涼時，倒入食物調理機的調理杯中，加入香草精攪打至均勻滑順。

7 接著倒回原本的煮鍋中，加入事先泡開的桂圓肉與核桃拌勻，即可倒入烤過的派皮中（不脫模），均勻鋪平。

8 表面撒上核桃碎與南瓜籽，放入預熱好的烤箱中烘烤 25 ～ 30 分鐘，至餡料凝固、派皮呈金黃色，即可出爐。

9 直接置於網架上放涼，將烤好的派連同烤模用大塑膠袋或保鮮膜密封，冷藏至少 3 小時後再取出脫模切片享用。

Preservation

放入保鮮盒中加蓋密封，冷藏約可保存 4 ～ 5 天，冷凍約 2 週。

蘋果香料蛋糕
Apple Spice Cake

這款蘋果蛋糕結合天然的蘋果醬、肉桂粉、肉豆蔻粉、薑粉,還有椰糖的甜味,創造出讓人吃不膩的香料蛋糕。裡頭還塞入新鮮的蘋果丁,讓整體的口感與滋味都更加豐富有層次。

份量 6 吋蛋糕 1 個
模具 6 吋咕咕霍夫模或圓形分離式蛋糕模 1 個

Ingredients

生蕎麥粉 75 g
燕麥粉 17 g
杏仁粉 24 g
肉桂粉 1 tsp
肉豆蔻粉 1/4 tsp
薑粉 1/8 tsp
鹽 1/8 tsp
椰糖 35 g
泡打粉 1 tsp
小蘇打粉 1/4 tsp
蘋果醬 50 g
杏仁奶 120 g
椰子油（融化）12 g
小蘋果（去皮去核切丁淨重）100 g

Method

1 烤箱以 175℃ 預熱;蛋糕模內抹一層椰子油（配方份量外）備用。

2 將生蕎麥粉、燕麥粉、杏仁粉、肉桂粉、肉豆蔻粉、薑粉、鹽和椰糖,放入同一大碗中,再篩入泡打粉與小蘇打粉,用矽膠刮刀混合拌勻。

3 在另一碗中放入蘋果醬、杏仁奶、融化的椰子油,用叉子混合拌勻。

4 將 3 的濕料加入 2 的乾料中,用矽膠刮刀混合拌勻,切勿過度攪拌,最後加入蘋果丁拌勻。

5 將 4 的麵糊倒入備好的模具中,讓麵糊均勻鋪平。

6 放入預熱好的烤箱中烘烤 25 ～ 30 分鐘,至竹籤插入蛋糕中心,取出時沒有濕麵糊沾黏即可出爐。

7 將蛋糕連同烤模移至網架上放涼至少 25 分鐘,再脫模取出。可視個人喜好撒上糖粉或堅果,切片享用。

Preservation

放入保鮮盒中加蓋密封,冷藏約可保存 3 ～ 5 天,冷凍約 2 週。

Note

● **肉豆蔻粉（Ground Nutmeg）**:它的味道非常獨特,在一些南洋雜貨店或是印度香料店都能找到,也可以用網購的方式取得。

● **杏仁奶**:也可以用無糖豆奶（豆漿）或其他植物奶替代。

摩卡巧克力蛋糕 &
甘納許奶霜
Mocha Chocolate Cake with
Ganache Frosting

你愛喝摩卡咖啡嗎？答案是肯定的話，那你一定要試試這款摩卡巧克力蛋糕。它的蛋糕體帶有咖啡微苦的成人風味，同時又有可可的香甜，結合濃郁的巧克力甘納許奶霜，讓每一口都是滿足。請記得，這款蛋糕適合常溫享用喔！

即溶咖啡粉

不同咖啡粉風味有些不同，建議可以挑選自己喜歡的咖啡粉來使用，我喜歡用中度烘焙的咖啡粉。如果你像我一樣對咖啡因較為敏感，也可以選用低咖啡因的咖啡粉來製作。咖啡粉與熱水的部份，也可以用 4 Tbsp 的義式濃縮咖啡替代。

摩卡巧克力蛋糕 & 甘納許奶霜

份量 6 吋圓形雙層蛋糕 1 個
模具 6 吋圓形蛋糕模 1 個

Ingredients

摩卡巧克力蛋糕：

Ⓐ
生蕎麥粉 90 g

杏仁粉 24 g

可可粉 24 g

泡打粉 1/2 Tbsp

小蘇打粉 1/2 tsp

鹽 1/8 tsp

Ⓑ
即溶咖啡粉 3 g

熱水 60 g

Ⓒ
去籽椰棗 100 g

鷹嘴豆水 60 g

蘋果醬 80 g

蘋果醋 2 tsp

有機蔗糖 50 g

甘納許奶霜：

椰漿 115 g

70% 黑巧克力 85 g

Preparation

將生腰果浸泡於飲用水中 4 ～ 6 小時，也可以放入罐中，放冰箱冷藏一晚。

Method

製作摩卡巧克力蛋糕：

1　烤箱以 180℃ 預熱；蛋糕模底部鋪上烘焙紙備用。

2　將生蕎麥粉、杏仁粉放入同一調理盆中，並篩入可可粉、泡打粉、小蘇打粉和鹽，用叉子混合拌勻。

3　在另一小碗中放入即溶咖啡粉與熱水，用叉子攪拌至融化。

4　將咖啡液、去籽椰棗、鷹嘴豆水、蘋果醬、蘋果醋、蔗糖全部放入食物調理機的調理杯中，攪打至整體均勻滑順；攪打時需視情況暫停，將沾黏在周圍的材料刮整乾淨，以確保全部材料都能攪拌均勻。

5　將 4 的濕料倒入 2 的乾料中，用矽膠刮刀混合拌勻成為麵糊。

6　將 5 的麵糊平均倒入蛋糕模中，將蛋糕模稍微舉起再輕敲桌面，讓麵糊表面平整，釋出大的氣泡。

7　放入預熱好的烤箱中烘烤 30 ～ 35 分鐘，至竹籤插入蛋糕中心，取出不會沾黏濕麵糊即可出爐。

8　不脫模，直接置於網架上至完全冷卻，再加蓋放入冰箱冷藏備用。

製作甘納許奶霜：

9　將椰漿倒入小鍋中，以小火加熱至小滾，約 80℃。

10 黑巧克力放入大碗中，倒入熱椰漿靜置 1 分鐘，再用矽膠刮刀混拌至完全混合均勻。

11 放入冰箱冷藏 20 ～ 30 分鐘，至其稍微凝固，但不會太硬的程度。

12 從冰箱取出，用打蛋器攪打至稍微硬挺即可，切記不要過度攪打。

組合：

13 將蛋糕從冰箱取出，將蛋糕抹刀插入蛋糕周圍劃一圈以利脫模，置於盤上。

14 將甘納許奶霜均勻抹在蛋糕上，可再視個人喜好添加堅果點綴，即可切塊享用。

Preservation

放入保鮮盒中加蓋密封，冷藏約可保存 3 ～ 5 天，冷凍約 2 週。

Note

● **鷹嘴豆水**：也可以用植物奶替代，並另外增加 1/8 tsp 泡打粉。

● **蘋果醬**：也可以用南瓜泥替代。

食材採購指南

書中大部分的食材均可在傳統市場、雜糧行、烘焙材料行、超市、有機商店、量販店等處購得;少數不易購得的食材,可至好市多、微風超市、Jason's Market Place、city'super、家樂福購買;或在蝦皮購物、露天拍賣、iherb、momo、Pchome24h 線上購物、樂天市場等網路平台以關鍵字搜尋。

以下則是跟大家分享我經常採購食材的店家,當您在住家附近買不到需要的材料時,可以作為參考。

iHerb
https://tw.iherb.com/
購買方式:網路訂購
營業項目:綜合類健康食材與食品,包括奇亞籽、生糙米粉、中東芝麻醬與各式堅果等。
說明:我經常在 iHerb 購買未鹼化可可粉、有機花生醬、中東芝麻醬、生糙米粉、生蕎麥粉、冷壓初榨椰子油,以及椰棗等。

天天里仁
https://www.leezen.com.tw/
購買方式:門市、網路訂購
營業項目:各式米麵五穀、堅果、素食及豆製品、香辛料、生鮮蔬果等。
說明:有許多在地生產的產品與有機產品,像是花生醬、黑芝麻(醬)、醬油等;另外有也有在里仁購買過無麩質的燕麥片。

棉花田生機園地╱田裡甜購物網
https://www.healthyfood.com.tw/
購買方式:門市、網路訂購
營業項目:各式米麵五穀、南北貨、生鮮蔬果、素食及豆製品等。
說明:我比較常在這裡購買有機蔬果、冷壓初榨橄欖油、椰子油等油品,另外也有有機椰糖與小包裝的椰棗。

Nora 桶子葉的全植物能量點心

從燕麥棒、能量球、脆片、鬆餅到點心杯，50 道 VEGAN × 超級食物的無麩質一口點心

作　　　者	Nora桶子葉
攝　　　影	Nora桶子葉
封 面 設 計	石頁一七
版 型 設 計	陳姿秀
內 頁 排 版	高巧怡
行 銷 企 劃	林瑀、陳慧敏
行 銷 統 籌	駱漢琦
業 務 發 行	邱紹溢
責 任 編 輯	劉淑蘭
總 編 輯	李亞南
出　　　版	漫遊者文化事業股份有限公司
地　　　址	台北市松山區復興北路331號4樓
電　　　話	(02) 2715-2022
傳　　　真	(02) 2715-2021
服 務 信 箱	service@azothbooks.com
網 路 書 店	www.azothbooks.com
臉　　　書	www.facebook.com/azothbooks.read
營 運 統 籌	大雁文化事業股份有限公司
地　　　址	台北市松山區復興北路333號11樓之4
劃 撥 帳 號	50022001
戶　　　名	漫遊者文化事業股份有限公司
初 版 一 刷	2021年10月
定　　　價	台幣450元

ISBN　978-986-489-519-9

國家圖書館出版品預行編目 (CIP) 資料

Nora 桶子葉的全植物能量點心：從燕麥棒、能量球、
脆片、鬆餅到點心杯,50 道VEGAN × 超級食物的無
麩質一口點心/Nora 桶子葉作. 攝影. -- 初版. -- 臺北市
：漫遊者文化事業股份有限公司出版：大雁文化事業
股份有限公司發行, 2021.10
160 面 ; 17x23 公分
ISBN 978-986-489-519-9(平裝)
1. 點心食譜
427.16　　　　　　　　　　　　　　　110014927

漫遊，一種新的路上觀察學
www.azothbooks.com

漫遊者文化

大人的素養課，通往自由學習之路
www.ontheroad.today
遍路文化‧線上課程